大是文化

能見度工作術

「存在感」はつくれる

我在高盛證券學到的，
用同樣的努力展現十倍成果。

曾任美國高盛證券
25年人力資源資深顧問、職涯諮詢師

大塚千鶴──著　黃雅慧──譯

CONTENTS

推薦序

沒有可惜的人才，因為內外都含光

暢銷作家、國際非營利組織工作者／張瀞仁 Jill

小時候上國文課，當我讀到《陋室銘》的「曖曖內含光」時，就像看到天上射出的一道神光，覺得這就是我要的！到了青春期，更認為那就是我想成為的大人：謙和柔軟、為人著想、散發溫和不刺眼的光芒。我很內向，本來就不想站在舞臺中央，所以我心想：只要努力充實內在，應該就會像唐代詩人劉禹錫一樣，遲早被看到吧！不然你看，都過了幾百年，我們還在背《陋室銘》。

沒想到，這只是我一廂情願的想法，初入職場就完全破滅。我在美國運動產業工作時，連T恤都賣不出去；從事行銷工作時，我沒辦法推銷自己，讓客戶買單；在跨國團隊裡，我也無法在幾十個不同國家的人當中脫穎而出。直到我沮喪到快要懷疑人生時，才想到：咦，如果我的光都在身體裡面，到底有誰會看得到？含在裡面的光，幾乎沒有存在感。

而這樣的概念在美國職場尤其明顯。作者大塚千鶴提到，日本網球選手大坂直美面對美國和日本媒體時，無論是表達、肢體動作、甚至站姿都不同，我完全可以理解她的做法。因為在美國職場，「能見度」才是一切。在美國，隨處可見自信心爆棚、彷彿站在宇宙中心的人。那麼，我們這樣的弱勢族群，不想被淘汰又該怎麼辦？

《能見度工作術》便提供了不少方法。乍看之下，書中都在講一些雞毛蒜皮的細節，像是工作時的穿戴、視訊時的鏡頭和表情等。但就是因為這些細節，讓我毫不懷疑作者的高度與格局。我很喜歡一個說法：到了職業運動的等級，成績好壞只差在細節。這套用到職場上也完全成立，對閱人無數的高階經理人來說，只要看一個小地方，就可以知道這個人在職場上能走多遠。撇開硬體上的建議不說，書中的溝通技巧就讓我點頭如搗蒜、深感值回票價。

「所謂溝通的能見度，就是吸引他人理解自己的藝術」，這句話深得我心，畢竟在國際職場上，什麼都要爭取。如果對方對你不感興趣、不想理解你、不喜歡你，那你連爭取的機會都沒有。還有，對於臉皮薄、喜歡道歉的東亞人（對，就是我）來說，用轉移焦點來避開客戶繼續追究資料錯誤（見第一五六頁），這招真是帥爆了！要是我早十年學會，中間不知道可以減少多少內耗。

話說回來，《陋室銘》其實是劉禹錫在仕途不順、被貶官後的心情抒發。如果把整篇翻譯成現代職場的狀況，就是某人被調到庶務二課（按：出自於日劇，指雜務部門）之後，上網po了一大篇「我是不想跟你們同流合汙，才會升不上經理，你們這些高階主管全是假惺惺的傢伙」之類的文章。

雖然我現在還是喜歡曖曖內含光，但我也知道，在職場上如果沒有能見度，只會變成二十一世紀的劉禹錫。如今，有了大塚千鶴五十歲的人生智慧，真是太好了。

前言

九〇%的人輸在能見度

所謂的能見度（presence，亦即存在感），其實是一種激發自我潛能的魔法。

明明能力不差，卻總是無人賞識？想要擺脫被埋沒的命運，成為眾人矚目、脫穎而出的人嗎？

在進入正文之前，我先跟大家自我介紹一下。大學畢業以後，我曾任職於日本某家綜合商社，而後轉換跑道，跳槽至美國高盛（Goldman Sachs）證券東京分公司，並陸續轉調紐約總部與亞太地區。

在高盛證券服務近二十年的歲月中，我除了有幸接觸各行各業的領導高層，身為國際數一數二金融企業的顧問，我所培訓與管理過的員工遍布全世界，人數至今已超過五千人。

而在我的企業課程中，能見度向來是我最關注的重點。能見度，是一種掌握主導權的魅力，不說一句話，便能贏得他人的信任；或者有任何專案，別人總是第一個想到你。諸如此類的影響力，都是一種能見度。

第一印象也是能見度之一。在商界，第一印象對升遷或轉換跑道尤其重要。這是因為，現在的聘僱市場仍然以工作經歷為評估標準。如果你的實力無法獲得主管或客戶肯定，自然較難爭取到職涯規畫或理想中的工作。

我們常說：「外表決定一切。」這句話還真的沒有說錯。試想，誰能一眼看穿我們的實力？因此，展現自己的實力便至關重要。

坦白說，我也是在高盛證券東京分公司工作兩年，調派至紐約總部以後，才意識到何謂能見度。原先，我也是秉持著「不以貌取人」的處世原則。但到了美國之後，這套傳統價值觀卻完全不適用。**在紐約，外表是一個**

人工作能力的展現。

還記得，有一次我上臺做簡報，主管問：「明天就要上場了，沒問題吧？」正當我呈上精心準備的資料時，沒想到卻換來一句：「我說的不是簡報，我是在問妳，打算怎麼打扮，用什麼表情與談話技巧吸引目光，還有炒熱現場！」

與他人初次見面時，就會在對方的腦海中留下第一印象，而且往往不容易改變。因此，能見度遠比資料重要許多——主管的這一席話，讓我深刻體會了這一點。

九〇%的人都是可惜的人才

當我被調派到海外以後，才深刻體會到日本人的市場行情超乎想像。例如，戰戰兢兢的工作態度、強烈的責任感、竭盡所能全力以赴、卓越的工作品質等。由此可見，日本的魅力並不僅限於動漫或御宅族（按：現用來指喜愛某一流行的愛好者）產業等次文化。

但另一方面，日本人也給人過度在意周遭觀感、消極或不夠果斷的印象。殊不知這背後其實是想穩當踏實的工作。遺憾的是，日本人崇尚的謹慎，在外國人眼中卻被視作缺點。

我在高盛紐約總部工作時，曾參與一項專案。小組總共有十五位來自世界各國的成員，而我是其中唯一的日本女性。但沒有人因為我是日本人，或者來自亞洲就輕視我一分一毫。

另一方面，東京分公司的日本同仁不僅都說著一口流利的英文，各方面的工作能力也沒話說。身為經理的我也不得不承認，他們與紐約總部員工相比毫不遜色。

遺憾的是，如此優秀的員工卻無法獲得相對的肯定。老實說，我也很納悶。經過一番觀察後，才發現他們都是可惜的人才——因為他們的優點與強項，在國際市場中吃不開。

明明有實力為什麼會吃不開？其中的關鍵，就在於：開會、簡報或報告時，顯現出來的文化差距。

這些人即便心中有不錯的創意或想法，也不會主動發言。即便簡報內容很精采，也不會抬頭挺胸的說：「如何？我做得很好吧！」更不用說，跟主管報告時，總是不忘謙虛，把好好的一個案子說得好像搞砸了一樣。

總而言之，就是：不懂得如何表現自己。事實上，這是亞洲人的通病，特別是日本人。

各位不妨試想一下約會的情況。

約會前，是不是滿腦子想著該穿哪套衣服、該怎麼說話、餐廳的氛圍、如何敲定下一次約會等，這時就會非常在意自己的表現。

視覺主導大腦判斷

對於歐美來說，職場上更是如此。總而言之，就是隨時隨地自我包裝。舉例來說，當我們在猜測某人是否成為下一屆執行長時，光是從形象就能看出端倪。因為有志於高位的人，外表或姿態必然跟過去完全不同。不論是服裝、髮型、表情或一舉一動，都在在散發出執行長的氛圍。但這些人並不是因為本身就具備執行長的特質，而是透過形象策略，刻意將自己包裝成執行長。

這種形象策略如果告訴任何亞洲人，肯定會難以置信，但對於歐美而言，卻是理所當然。因為那些**脫穎而出的人，都懂得根據自己設定的層級，不斷的修正和提升自己的能見度**。

這種意識與行動，我稱之為「階段性畢業」。

這就好比從小學升上國中，或者從校園踏入社會，光是一場開學或畢業典禮，便能帶來完全不同的氛圍。事實上，這些身分的變化不過是轉眼之間。然而，我們之所以能意識到身分的轉變，無非是因為不再背著小學生的書包，或是改成一身上班族的穿戴，好讓自己的能見度提高一個層次。

試想，一位新人套件舊T恤就來公司上班，各位作何感想？我相信，即便這個人再怎麼優秀，誰也不敢將專案交到他手上。因為**視覺主導大腦的研判，再多的邏輯推演，都不及外表給大腦帶來的刺激**。

更可怕的是，外表也是溝通的一部分。無論是實際接觸，還是電子郵件的交流，能見度都是影響主觀印象的重要因素。

尤其在視訊會議與線上聊天逐漸盛行的現今，能見度對溝通的影響比以往更加顯著。過去那個只需要開誠布公、努力不懈，即便人緣差也無所謂的時代已經結束了。

那麼，很多人明明工作能力不差，為什麼總是無法發揮？我個人認為是欠缺溝通魅力的緣故。

掌握時間成本，讓自己被看見

以簡報為例，歐美人習慣用誇張的肢體語言，竭盡所能的推銷自己。相反的，亞洲人低調含蓄的表現，往往讓簡報缺乏特色，甚至讓出席者不知道到底該贊同，還是打回票。這種過於慎重的態度與美德無關，而是個人魅力的問題。

我們約會時，都知道打扮自己，為何到了職場卻自動忽略？我認為這是因為缺乏時間成本概念。

比方說，所謂的簡報，就是利用對方的時間，推銷自己的企劃案。假設原本是一對一、一個小時的簡報，當出席人數增加時，客戶的成本也會大幅增加。因此，越多人出席的簡報，更不能掉以輕心。

然而，大多數人在做簡報時，往往將注意力放在自己身上，也就是只關注自己投入的成本。因此，即便對方出席，也不太會意識到別人的時間成本，反倒認為講越多越好，結果卻造成反效果。

不過，有趣的是，說話方式或肢體語言因人而異。例如，有歐美人士在場的會議，大家相對放得開、臉上也充滿笑容。但如果只有亞洲人出席，現場往往鴉雀無聲、不苟言笑，彷彿開會就得擺張臭臉似的。我個人認為，這樣的潛規則確實應該改變。

你不用善良，但一定要有鋒芒

事實上，很多亞洲人之所以總是不苟言笑，與教育方針脫不了關係。歐美各國向來鼓勵孩童表達自己的想法與意見；而亞洲各國則是強調合群的重要性。

在齊頭式的文化下，只要稍微突出，便成為眾人眼中的「壞孩子」。而那些懂得察言觀色、唯唯諾諾的人，則是左鄰右舍口中的「好孩子」。

久而久之，就養成自我否定的習慣。或許這就是為什麼亞洲人在做簡報時，總是隱藏個人色彩的原因。

話說回來，我們真的能做到察言觀色嗎？別人的臉色有那麼重要嗎？有能力洞悉別人在想些什麼，應該都是世外高人吧！

例如，我總是自嘲是ＫＹ（按：Kouki Youmenai，指不會看人臉色的人）。但即便如此，我仍然決定做自己。因為這樣比較輕鬆，與其爾虞我詐，倒不如敞開心胸。如此一來，又何須察言觀色？

除此之外，亞洲人在服裝上也傾向選擇相同色系。例如，私立幼兒園的面談。有一次，我難得回東京一趟，在路上偶然遇見好朋友一家從對面走來，竟然差點認不出來。因為，他們為了報考私立學校刻意裝扮得很低調，爸爸穿著深藍色的西裝，媽媽也是同色調的小洋裝。

我想，深藍色之所以會成為主流，可能是大家以為這種低調、端莊的打扮（能見度低），比較容易留下好印象；或者認為面談的老師喜歡這種格調等。但如此一來，反而扼殺了每個家庭的能見度。

對於我們這些長居海外的日本人而言，一直不太能理解「同調的壓力」（按：指主動配合主流言論，比較容易被接納，否則會被歸類為不合群）。就以日本超市的蔬果來說，不論是形狀或大小，總是整齊劃一。老實說，這也讓我匪夷所思。

架上的茄子或小黃瓜，無論是筆直或是長短，賣相都很一致。但拘泥於此的意義何在？難道因為賣相好一點，就能讓家常的燉茄子或涼拌小黃瓜，媲美米其林的口味嗎？

不可否認，高度經濟成長時期的日本（按：指一九五五年至一九七三年），需要民眾同心協力朝共同的目標邁進。然而，時代不同了。現在強調多元化社會，除了成長環境的差異以外，不同國籍的員工一起工作已成為主流常態。

因此，所謂「大家」已經是過去式。大家買什麼就跟著買、大家怎麼想就成為定論，甚至害怕自己跟大家不一樣，但所謂的「大家」，到底是誰？希望各位在閱讀本書的同時，能思考上述這些問題。

我要強調的是，優秀的工作者不一定什麼都要跟別人一樣，因為「個體」就足夠優秀。反過來說，正因為這些優秀的個體，團隊才能拿出傲人亮眼的成績。

我衷心期待，即便跟別人不一樣，每個人也都有資格在國際舞臺上發光發熱，這是我寫這本書的初衷。希望藉由磨練能見度，讓許多可造之才脫離可惜的命運，自此逆轉翻身。

沒有名氣或頭銜，更要注重形象

磨練能見度，不外乎注意服裝打扮、說話方式、表情控管、站姿或肢體語言等。因此，不少人會想，自己又不是大明星或大老闆，有必要這麼計較嗎？這種想法其實大錯特錯。**越是一般人，越應該在意自己的形象**。

大明星或大老闆本身自帶光環，隨便一站就讓人無法忽視他們的存在。但一般人就不同了，不做一些努力，很容易被直接忽略。

例如，日本網球女將大坂直美受訪時曾說，她個人相當注重能見度，而且會依場合自動切換。事實上，即便她的長相看起來像外國人，但我在她身上卻仍然能感受到日本人的特質。當她在回答記者的採訪時，英文與日文的回應簡直判若兩人，甚至連站姿也截然不同。

因為她知道面對歐美記者，如果不強勢一點，就無法獲得相對的尊重。

更何況，人與人之間，誰不是靠第一印象來判斷別人？**普通人正因為缺乏顯赫的名氣或職稱，更應該磨練能見度，讓大家看到自己的可能性**。

相信不少讀者會質疑，第一印象有這麼容易改變嗎？或是認為，別人要怎麼看我們，並不是自己能夠決定的。

二十秒，改變第一印象

但事實上，第一印象才是最容易掌控的能見度。第一印象往往只有三秒到五秒。尤其是初次見面的人，我們總是在短短幾秒內打下分數。而這些印象一旦印入腦海，就很難改變。

我們在判斷對方的社會地位或工作能力時，也只需要二十秒。由此可知，第一印象的重要性。反過來說，只要掌握最初的二十秒，就可以讓自己的能見度全然不同。

各位不妨用手機的計時器測試，例如，跟客戶交換名片，或者打個招呼，二十秒就過去了。你一定會很訝異，我們對於一個人的喜好，竟決定得如此倉促。

雖然每個人的評斷標準各自不同，但通常只要看七項到九項，就能略知一二。例如，評斷對方的事業、聰明才智或教養水平，而不是將短短的二十秒，浪費在是否善解人意或平易近人等無關緊要的問題。

總而言之，二十秒的關鍵在於：觀察對方的工作表現，並默默的在心裡打分數。

人，當然必須貌相

第一印象對於人類心理層面的認知有多重要？

根據美國心理學教授艾伯特．麥拉賓（Albert Mehrabian）於一九七一年所提出的「麥拉賓法則」（the rule of Mehrabian），當言語、聽覺與視覺的形象出現落差時，三者對認知影響的比例分別為：七%、三八%、五五%。換句話說，外表就占了五成以上。

麥拉賓法則雖然是多年前的理論，但至今仍受世人推崇。特別是自新冠疫情爆發以來，線上溝通成為主流，人們更依賴印象與談話技巧來互動。因此，螢幕上所呈現的外在形象，顯得格外重要。

我在高盛證券服務時，不少業務員都說：「開發新客戶的首要條件，就是搞定自己的外表。」換句話說，當你觀察客戶時，客戶也正在打量你。在眼神交錯中，用形象決勝負。

話說回來，到底該怎麼改變第一印象？關於這部分，我會在第二章詳細說明，在此就先簡單提及。

基本上，就是多加利用色彩。如果是男性，可以將重點放在領帶的顏色，**不少頂尖業務會配合客戶的企業形象來選擇領帶顏色**。

例如，拜訪三菱日聯銀行（Mitsubishi UFJ Financial Group, Inc.，簡稱MUFG）時，繫上紅色領帶；若是瑞穗銀行，就換成藍色；而三井住友銀行則是以綠色為基底。

就算客戶未能察覺業務的用心，但畢竟是每天看到的顏色，至少會產生親切感。由此可知，即便是小細節，也能改變第一印象。

很專業，但……

請容我岔題，怎樣才能稱得上專業？例如，我們誇讚某人說：「那個人可是專家！」這代表什麼意思？

對我而言，所謂專業，就是某個領域的行家。

也可以說是一流。例如，高爾夫職業球手是體育界的行家，而職業與業餘的差別就在於酬勞高低。比方說，職業球手如果成績亮眼，有獎金可拿；但業餘者則大都是玩票性質而已。

那麼，這種簡單的二分法是否適用於職場？

令人遺憾的是，稱得上行家的人才有薪水可領。但還是有很多缺乏專業素養的人，例如：爽領高薪卻總拖後腿，或是占著職位不做事，甚至是火上加油，只會讓別人疲於奔命。

職場中，凡是讓別人信任、願意交付工作的人，都可以稱為行家。在我的工作職涯中，不乏能力超群、值得信賴的同僚。問題是，這些人大都不懂得何謂能見度。

例如，我認識一位從小在國外長大的ABC，她不僅英文嚇嚇叫，工作能力也輾壓其他人好幾條街。但回到日本以後，在同調文化的壓力下，也不得不隱藏自身的實力，低調再低調。

當我知道她的輝煌歷史以後，不禁惋惜，甚至認為商業界可能會就此失去一位難能可貴的人才。

於是，我決定幫助她磨練自己的能見度，只不過由於當時的我也還在摸索當中，因此便向高層主管的朋友請益，或是安排一些專案，增加她的自信心。總而言之，就是一邊學，一邊嘗試。

最後，她憑藉著自身的專業能力，在能見度的加持下，成功的華麗轉身，讓職涯發展更上一層樓。

請容我再次強調，專業必須具備展現出行家的能力，但所謂專家並非埋頭苦幹就好，因為打造第一印象，才是專家的入門磚。

用能見度，翻轉人生

我之所以寫這本書，一大部分是受編輯的熱情所影響。在眾多邀稿的出版社中，她的企劃案最為吸睛。內容言之有物，而且遣詞用句間，在在顯示她的用心。當我閱讀她的電郵時，不自覺的想：這位編輯應該相當有潛力，而且經驗豐富。

直到第一次視訊討論時，我忍不住直白的說：「您是不是換個造型比較好……。」這位編輯什麼都好，就是看起來太稚氣。當然，她本人年紀並不大，只是外型看起來比較青澀。

在生意場合中，這種外型其實滿吃虧，因為容易被對方看輕。雖然我知道初次見面這麼說太過失禮。然而，愛才之心勝於一切。於是，教練的職業病讓我不禁開口指點：「打扮有點可惜，看不出您的專業。」

這段小插曲更加深我出書的決心，因為我看過太多這種可惜的人才。為了讓更多讀者充分理解能見度的重要性，本書特別以故事作為導引。故事的主人公是一位剛進外商公司的新人。在認識從紐約空降回來的前輩以後，透過磨練能見度，最後在職場上發揮所長。

雖然故事或人物純屬虛構，但其中穿插不少我在高盛證券時的經驗。例如：來自於不同國籍的同事或主管的分享，或高階主管身上所展現的能見度等，相信有利於各位讀者參考。

能見度就是激發潛能的魔法。希望所有人透過本書，不僅可以磨練能見度，還能華麗轉身成為優秀的人才，在職場中大放異彩。

本書構成

透過職場新人的故事，讓讀者學會如何磨練能見度，並逐步找回自信，成為優秀人才。也可以說，這是勵志版的《灰姑娘》。

主要登場人物

檜原美姬

故事女主角，任職東京某外商三年。在光鮮亮麗的職場中，顯得格格不入，總是缺乏能見度。因為個性比較被動，在公司沒什麼存在感。在壓抑的氛圍下，她甚至否定自己：「人資主管大概是看走眼，以為我是畢業於頂尖大學才錄取我。」

大川千里

從紐約總公司空降的菁英主管。雖然工作能力很強，但說話或做事方式卻不咄咄逼人，總是散發一股自然的魅力。認為美姬擁有才能而不自知，因此便根據自己的經驗，幫助美姬磨練能見度。

※除了兩位主角，還穿插其他主管與同事等人物。

※在日本，上司一般以姓氏稱呼部屬，故於部分情節，女主角（美姬）的稱呼為檜原。

第一章

我在高盛學到的能見度工作術

1 常被說：「可惜了，明明是個人才？」

美姬一大早就心神不寧。因為美國總部派來了一位非常厲害的經理，而且還是調派到她的部門。今天，正是這位經理到職的日子。

自從這項人事命令公布以後，各種傳言在辦公室便不脛而走。然而，這些都是沒有依據的猜測。美姬之所以會這麼興奮與期待，是因為新來的頂頭上司大川千里不僅是日本人，還是女性。美姬一邊打電腦，一邊想像她會是什麼樣子，不自覺的望著電腦發呆。

作為一家全球頂尖金融企業，能在紐約總部工作的人，都是來自世界各國的菁英。而這位新來的主管竟以女性，而且還是外國人的身分，在眾多佼佼者中脫穎而出。

美姬不禁心想，這不是一九九〇年代連續劇才有的情節嗎？

那時的女主角全是從紐約回國的女強人，身穿墊肩套裝當戰袍，瀏海吹得高高的，一副不好惹的模樣。她們總是很有主見，即便有不同的聲音，也能冷靜的駁斥。對於男性的不假辭色，連帶散發出生人勿近的氣場，甚至連女同事也跟她們保持距離。久而久之，便在職場中獨來獨往。

連續劇裡，她們下班後還會去酒吧喝一杯，順便找調酒師訴訴苦。而且，喝的酒一定是加了冰塊的波本（Bourbon，美國威士忌）。

因為劇情的關係，女主角的人設當然不可能千篇一律。但基本上，都是走殺氣騰騰的男人婆路線。對於休假總是窩在家裡追劇的美姬而言，她以為新來的主管應該就是那個樣子。

美姬雖然只是日本分公司的一名小職員，但母公司畢竟是國際知名金融企業。再說，她畢業於名門大學，英語能力不差，每週都能參與英文視訊會議。然而，日本分公司與紐約總部相比，簡直是天差地遠。

聽總公司的前輩說：「那裡匯聚了來自全世界各國的菁英，而且每個人的行事風格都不一樣。剛進去時，好像來到異世界，都會懷疑自己是不是走錯地方。」

即便是在亞洲區域會議，日本分公司的成員也不怎麼發表意見。於是，就像布景一樣，沒人會特別注意他們。

身為分公司的一員，美姬時常有這種疏離感。即使身在外資企業，她的外表或性格仍還是很內向。因此，一想到這位從紐約總部空降的女強人，她自然把對方跟連續劇中女主角劃上等號。

但檜原還不知道，這通人事調派的命令，將徹底改變她的命運，讓人生自此華麗翻身。

檜原至今猶然記得那位從海外空降的女強人，第一天踏入日本分公司時的氣勢。

出乎意料的，這位她期待已久的女神，個頭普通，既不穿有墊肩的戰袍，也沒有特意吹高的瀏海，反倒是渾身上下散發出一股親切感。但她的存在又不容小覷。那種磁場既非張牙舞爪，也不是咄咄逼人，而是擁有莫名能吸引別人目光的魅力。不，應該是比魅力更深層的涵義。

一直到後來，檜原才知道這就是所謂的「能見度」，而且她深信，正因為大川具備能見度，才有辦法打破人種、國籍或性別的障礙，並且從眾多佼佼者脫穎而出，被拔擢高升。

2 為機會多開幾扇窗

想踏上國際舞臺，必須了解基本的溝通方式，而能見度就是最具成效的溝通工具。

懂得表現自己，就為機會多開了幾扇窗。畢竟，有存在感的人，才會讓人想跟他聊天，或是進一步交往——這是人性。

機會多了以後，就會帶來附加效果，不僅累積各種經驗，人生也會更加充實。事實上，那些樂於助人、交遊廣闊、人脈充沛、朝氣蓬勃的人，能見度往往都不低。因為受到吸引，我們自然樂於介紹給其他朋友認識。

於是，隨著交際圈越來越廣，他們認識的朋友越來越多、經驗更加豐富，人生的道路也更順暢平坦。

如此一來，便形成良性循環，吸引更多人緣與機會。

不論是現今還是往後，想在國際舞臺一較長短，就必須拉開個人的差距。相信不少人對此感同身受。例如，擔心自己是否能夠出人頭地、怎樣才能闖出一片天地。

這大概也是本書吸引各位的原因。

為什麼我會說能見度是擠身國際舞臺的必備武器？

這是因為，在跨國企業中，能見度高的人就像磁鐵一般，能自然吸引大家靠過來，從而增加溝通與交流的機會。相反的，能見度低的人，就會比較吃虧。

3 始終如一，才是專業

在外資企業工作，開會時總是不發表意見的人，久而久之，就不會收到開會通知。這可不是職場霸凌，而是在重要會議上如果悶不吭聲，自然沒有必要出席。最後，這些人就會像空氣一樣，被召集人一句「忘了通知」給輕輕帶過。

相反的，懂得展現能見度的人，因為投入開會，總是能讓召集人將他們列入出席名單。

老實說，我在紐約總部時，就有過這樣的經驗。照理來說，人力資源部就是內勤工作，但主管也常指派我參加業界交流或研討會等活動。

對我來說，無論是內勤或外勤，都是工作。不過，心裡還是納悶，為什麼總是找我，難道沒有人了嗎？

有一次我跟主管說：「某人也不錯，換人去吧。」主管突然問：「是嗎？對方是怎麼樣的人？」我忍不住回問：「怎麼樣的人，是什麼意思？」主管並未正面回答我的問題，而是解釋道：「我之所以老是派妳出去，是因為妳的個性始終如一。」

主管口中的始終如一並非諷刺我毫無長進，而是認可我的專業素養。換句話說，我在主管眼中就是安心的保證。因此，對於我推薦的人，主管在意的也是專業素養。

由此可見，能否出席會議，與當事人的能見度息息相關。只有多露臉，才能為人生開啟更多希望之窗。

相信以上的小故事，有助於各位意識到能見度的重要性。

4 不能穿印花洋裝

正當檜原的命運迎來契機時，沒多久辦公室也發生了一件小插曲。某天，大川原本計畫與部屬富永佳代子一起去拜訪客戶做簡報。富永是大川在紐約時，就透過線上合作過的夥伴。對檜原來說，富永不僅是她敬仰的前輩，更是公司裡備受矚目、不到三十歲就已經能獨當一面的老手。

作為專案經理，富永早在一個月以前便開始準備資料，並且投入全部的心力。檜原也不時看到她遲遲不歸、加班的身影。

話說回來，富永雖然看起來高冷，但打扮也頗講究，特別偏愛帶點少女韻味的服飾。即便檜原有時也覺得不妥，但富永仍是她最崇拜的前輩。

沒想到她的偶像與大川爭執起來。

富永質問：「為什麼我不能去？」

檜原蜷縮著身體，不動聲色的隔岸觀火。或許是時間緊迫的緣故，只見一向冷靜的大川壓抑住脾氣的說：「不要問為什麼……我一個人去就好，妳就不用跟了，一切等我回來再說。」

隨後，大川瀟灑的穿上藍灰色西裝外套，便揚長而去。只留下富永待在原地，一臉悵然。同時自言自語的說：「我花了那麼多心血做簡報……她就是想搶我的功勞。」

接著富永動也不動的，在座位上靜靜的看著資料。

一個小時以後，大川總算回來了。她的情緒看起來還不錯，應該是客戶很滿意。只見她回到座位、放下皮包以後，便噔噔噔的踩著高跟鞋走向富永，同時說：「不是想知道為什麼不帶妳去嗎？跟我來。」

說完以後，大川就朝洗手間走去。檜原實在是太好奇了，於是決定跟上前，偷聽她倆說些什麼。

大川平靜的說：「照照鏡子。妳覺得身上的這套洋裝如何？」

富永不解的問：「什麼意思？我平常就這樣穿！」

大川開始吐槽：「是嗎？這套洋裝可是比妳平常穿的還花俏許多。妳看看印花，還有這些花邊。」

富永找藉口似的說：「嗯，因為我下班，還有一個聚會……。」

大川果斷的說：「不要把私人生活扯進來。這麼重要的簡報，就妳這一身印花加上花邊的洋裝，我敢帶妳去嗎？這就是理由，懂了嗎？」

富永還是不解：「就因為這套洋裝？」

大川正色道：「沒錯，妳根本搞不清楚狀況。職場最基本的守則就是TPO（Time、Place、Occasion，亦即時間、地點、場合）。妳知道客戶是怎麼想的嗎？不得當的穿著，怎麼展現對客戶的尊重？客戶又怎麼可能願意與我們合作，將幾千萬的案子交到我們手上。」

大川的提點到此為止。然而，以富永的聰明才智，一下子就領悟大川的言外之意。一陣沉默以後，傳來富永鄭重的道歉：「……對不起。」

大川溫和的說：「我也知道妳平時就喜歡穿印花洋裝。不過，我沒想到妳連去拜訪客戶都這麼穿。說起來，我也有責任，應該提醒妳一聲。算了，以後注意一下就好。」

檜原正聚精會神的聽著，沒想到傳來一陣腳步聲。她還來不及走人，就看見大川從化妝室走出來，結果撞個正著。

看著檜原慌張的樣子，大川問：「嗯？有事嗎？」

檜原鎮定的說：「沒事，只是上洗手間……。」

為了不讓自己穿幫，假裝上廁所的檜原，一踏入洗手間就看到站在鏡子前的富永。為了避免尷尬，檜原快步從富永的背後經過，卻瞥見她的眼睛充滿淚水。

自從那天以後，就沒看過富永穿印花洋裝。

5 服裝是基本禮儀

這個洗手間的小插曲並非虛構。雖然我不確定，是否有人像檜原一樣躲在一旁偷聽。不過，因為部屬穿印花洋裝就不讓她參加簡報，或是從客戶公司回來以後，將她叫去洗手間循循勸導，都是發生在我身上的真實事件。

我還記得，洗手間有一面全身落地鏡。為了解釋為什麼她不能去，我讓對方看著鏡子裡那身嬌豔的印花洋裝。當她看著鏡子裡的自己，立即了解我的用心。

合適的服裝儀容是職場的基本禮儀。問題是知道歸知道，貫徹到底的人少之又少。

就以策畫一場研討會來說，我通常會事先打聽出席者的裝扮。然後，選擇相同色系營造整體感。有時，遇到大家不約而同穿黑色西裝時，我反而會在服裝上添加一點色彩，以避免氣氛過於嚴肅。

有時還會遇到中規中矩的客戶。例如，一位男性客戶用手機拍了幾張照片，並詢問我的意見。

經過幾次討論，考慮研討會的性質與會場的氛圍，加上配合我的服裝，最後他決定走西裝搭配白色球鞋的休閒風。重要的是，白色球鞋與他乾淨俐落的形象相得益彰，毫不突兀。會這樣畫龍點睛，想必這位客戶相當清楚別人對他的第一印象。

或許有人會想：穿什麼很重要嗎？

當然，因為這是勝出與否的關鍵。或許有人接著懷疑：一套服裝就能決定勝負？沒錯，這就是敗者永遠落敗的原因。

6 人在江湖，只看第一印象

話說，我剛去紐約時，當時的上司是一位人脈廣闊的女性，常常與高層打打高爾夫、社交應酬。而且，她也毫不吝嗇，經常介紹我們認識高層。

有一次，她遇到某位執行長，便順勢介紹給我認識。然而，當時還有另外一位同事在場。當那位執行長離開後，同事憤憤不平的問：「為什麼您只介紹小千（我的小名），那我呢？」

只見上司淡然的回答：「因為妳穿涼鞋。」

老實說，當天的集合地點離家比較近，我穿著高跟鞋就去了。而那位同事因需要轉好幾趟地鐵，才會穿雙涼鞋。

然而，當同事抱怨：「這是差別待遇。」上司仍不為所動的答道：「難道妳就不能在車站換雙鞋嗎？如果下次妳這麼做，也會有機會。」

這句話的意思是，在這位上司眼中，**任何扯後腿的人都不會被重用**。

或許有人會認為這位上司不近人情，因為穿高跟鞋在早上尖峰時間擠地鐵，還得轉換好幾次車。但上司並不需要關注這些理由，因為客戶只看第一印象。

因此，如果想要得到更多機會，無論如何，都應該注意自己的服裝儀容，讓自己永遠脫穎而出。

7 形象都是打造出來的

從以上經驗談可見，注意服裝儀容與國籍無關，而是取決於個人意識。例如那位憤憤不平的同事就認為無關緊要；相反的，在日本土生土長的我，反而相當重視。

祖母對於儀容比較嚴謹，我從小就常聽她碎碎唸。我總以為自己在這一方面比其他人敏銳許多，因此即便踏入社會，也不太注意。

一直到被調派紐約總部，我才意識到服裝的重要性。有一次，我負責一場大型研討會，必須面對臺下烏泱泱的幾百個人。當時，主管問我：「妳打算穿什麼上臺？」

為了搭配我當天的衣服，上司慷慨提供了許多私房配飾，並建議：「在大型場合，要營造亮點，最好的方式就是配戴誇張一點的首飾。」她還說：「亞洲人普遍娃娃臉，妳的衣服最好走高雅沉穩的路線。」我猶然記得，因為佩戴了首飾，自己就像鍍金般，自信滿滿的踏上講臺。

長期以來，日本的聘僱模式一直偏向綜合型（Membership）人才，但近年來專業型人才逐漸成為主流。對於主打個人專業的求職者來說，能見度更是不可或缺的一環。唯有透過存在感，讓面試官認知到自己的特色與專長，才能提升錄取率。

現在，已是人人都可展現自我魅力的時代。不，更準確的說，這是一個精心營造形象的時代。而提升能見度的最佳捷徑，就是按照書中的祕訣一步步向上邁進。但要注意的是，**所謂能見度並非一味的努力，而是事先設定成長的目標**。

可惜的是，很多人因為不懂得這項道理，讓自己的潛力被埋沒，終其一生庸庸碌碌。

由此可見，勝敗的分水嶺就在於能見度。能否脫穎而出，抑或成為可惜的人才，就在自己的一念之間。

希望本書能夠喚起大家對能見度的重視，並幫助各位透過自我磨練，在最短時間內跳得更高、更遠。

第二章

翻轉印象的最強武器

1 越結實的稻穗，越低頭

檜原在洗手間偷聽後，心中依然不解：「明明富永前輩穿印花洋裝很漂亮，為什麼不行？」當事人富永很快意識到自己的失誤，但身為路人甲的檜原卻耿耿於懷。她無法理解，印花洋裝不是更吸引人嗎？然而，隨著接觸大川的時間越長，檜原的心態也逐漸改變。她發現，那些很有存在感的人，即使穿得很樸素，在人群中卻依然顯眼。

老實說，大川的外表並不出眾。她的個子中等、自然的黑髮，偏好穿展現女性線條的薄衫或開襟衫，顏色也僅限於米色與灰色。檜原喜歡的粉紅或粉彩，更是一次都沒看過。

最令人印象深刻的，還是大川謙和的態度。

起初，檜原以為從紐約空降的女強人，肯定是高高在上、咄咄逼人。然而，大川卻出乎意料是個體貼周到的人。

例如，在大型會議或研討會上，大川總是能與大家談笑風生，同時不忘向召集人或主辦單位道謝。這種成熟圓滑的待人處事，讓很多人都對她有好感。即便是像檜原一樣去湊人數的基層員工，也能感受到大川的光芒，彷彿整個現場都被她照亮。

難能可貴的是，大川的態度始終如一，並不因人或時間、地點而異。例如，與同事外出午餐時，她總會主動向餐廳員工打招呼。遇到相熟的店員，甚至慰勞一句：「今天很忙吧！」這就是她高人一等的地方。

因此，不論是熱鬧擁擠的餐廳，還是嘈雜的場合，大川總是能在不經意間成為眾人注目的焦點。然而，就如同前面說過的，大川的外表並不起眼，個子中等、穿著打扮也不浮誇，就跟一般人沒兩樣。

老實說，檜原想破腦袋也想不通。直到她想起一句諺語：「越結實的稻穗，越低頭。」才豁然開朗。

換句話說，無論一個人有多成功，都必須保持謙虛的態度。而且，越是上位者，越應該將此謹記於心。這可是她觀察大川好一陣子才領悟到的。大川的每一個舉動，其實都是在展現能見度，讓自己始終保持脫穎而出。

事實上，大川早就深知能見度的重要性。因此，她總是努力展現存在感，而她的成就正是最好的證明。

但檜原忍不住想：隨時隨地保持這種狀態，難道不累嗎？她甚至懷疑，即便大川總是笑臉迎人，一副雲淡風輕，其實內心也很緊張吧？

相較於檜原在意別人的眼光，出門前只顧瀏海；反觀，大川則是完全不在乎他人的評價，只專注於自己內心的想法。難道菁英都如此自律嗎？

一想到這裡，檜原不自覺的抬頭挺胸、挺直背。

2 能見度，不是自己說了算

老實說，我總覺得大家都在看我。或許有人想：天啊，妳也太過自戀了吧。問題是，只要踏出家門，任何一舉一動，都會給旁人留下第一印象。而且這些印象不論好壞，一旦形成，就很難改變。

對我而言，第一印象就是決勝負的關鍵時刻。因為我深知，要改變他人的第一印象，幾乎是不可能的任務。所以，我總是不厭其煩的提醒部屬，面對初次合作的客戶，一定得綳緊神經，不要掉以輕心。

唯有全力以赴，才能讓客戶留下好印象，並獲得脫穎而出的回饋。那些以為掌控全局的人，往往忽略了主導權其實握在對方或他人手上。而只想靠氣勢壓倒一切的人，通常就像跳梁小丑一樣，沒人會理會他們。相反的，具備能見度的人，即便身段柔軟，依然能展現出制壓全場的氣勢。

在紐約時，我也常遇到這樣的情況。明明前一秒像菜市場般吵雜的會場，卻因為某人的到來而瞬間安靜；或者有些人，光是靜靜坐在那裡，便能引起所有人的注意，任誰也無法忽視。

我曾經想過，這些人究竟具備怎樣的磁場？其實答案很簡單，因為他們都是脫穎而出的人，自然成為眾人矚目的焦點，備受擁戴。

然而，必須牢記的是，**無論我們多努力，最終決定權還是取決於他人**。

我還記得在紐約時，主管總是將：「Perception is everything.」掛在嘴上。Perception 的意思是認知，她想說的，就是提升能見度才是關鍵。

對我而言，這句話的意義不在於自己如何努力，而是透過言談舉止吸引對方的關注，讓雙向溝通更順暢。

因此，一項專案的簡報，任何可能轉移注意力的元素，例如印花洋裝都應該排除。同樣的，其他場合也是如此。

各位能想像人資主管穿著粉紅色套裝，談論解僱這樣嚴肅的話題嗎？當然，這個情況，也不適合全身黑漆漆。如果是我，可能會選擇灰色套裝，展現自己的誠意。

總而言之，在小地方讓對方留下良好印象，才是能見度的真正涵義。

3 眼淚帶來的轉機

面對大川存在感如此強烈的女強人，檜原不禁感到疑惑：能見度是工作能力帶來的嗎？還是有了能見度，才能發揮工作能力？

她進一步的想：像她這麼一個誰也不在意的小職員，是因為工作能力普通而沒有能見度？還是因為缺乏能見度，所以工作能力一般般……。

就在她還搞不清楚問題時，檜原迎來職場的第一個試煉。

那是一場企劃案的內部會議。由檜原獨挑大梁報告，臺下卻是毫無反應。於是，她越來越沒自信，越說越小聲。

就在檜原手足無措時，主管輕輕一句：「提案滿有趣的，但可行性不知道高不高……。」為會議劃下句點。

當然，她的企劃案一如既往的石沉大海。

但是，有能見度的人就不一樣了。即便是同樣的簡報，他們也能讓出席者聚精會神的聆聽，甚至積極回應：「不錯啊，試試看。」

對於這種兩極化的待遇，過去的檜原只會鑽牛角尖的想：「明明簡報內容都一樣，他（她）不過就是比較會說話罷了。」然而，認識神人級的大川以後，她反而佩服的五體投地：「大川經理就是不一樣。」

能見度差的人之所以庸庸碌碌，根本原因就在於信任感。因為不被信任，無法負責重要的專案，工作績效也就難以提升。於是，每天渾渾噩噩，逐漸陷入惡性循環。久而久之，自然做什麼都力不從心。

那麼，該如何跳脫這種禁錮？如何才能提升能見度？

檜原在寂靜的洗手間中，看著鏡子反問自己。同時，湧起到一股難以言喻無力感。

她不甘心的想：「我這麼努力，怎麼還是這個樣子……。」從小到大，她就是最不顯眼的那一個。因此，才會加倍努力。最後，考上了名門大學，也找到一份工作，還是人人羨慕的外資企業。然而，她內心知道，其實自己一點也沒變，還是那個做什麼都不行的自己。

她看著鏡子，不禁自言自語：「美姬，妳不能再這麼下去了……。」話一說完，一行眼淚悄然滑落臉龐。她愣了一下，才驚覺自己的失態，慌忙用水潑臉，就在她猛然抬頭時，發現有人站在身後。

那個人就是她的女神——大川。

4 外表會讓你吃啞巴虧

回想起我在紐約工作的那段日子，或許因為英語並非母語，又或許是亞洲人的關係，我總是盡量讓自己多一點存在感。相對於歐美，亞洲人因為看起來比較年輕，難免被認為不夠穩重，因此也容易缺乏信任感。如果主管不看好，自然就沒有升遷機會。

當我意識到缺乏能見度很吃虧時，便開始注意自己的走路方式等儀態，並盡量讓自己看起來一派輕鬆。

內在美固然重要，但現實生活中，大家看的還是外表。例如，我老公雖然是白人，但日文也說得很流利。然而，即便只是買個車票，售票員都會慌張的說：「對不起，我不會說英語。」一直到老公回說：「沒關係，說日文也行。」售票員才如釋重負。

另外，搭新幹線也是如此。每當老公用日文跟服務員說：「不好意思，我要一杯咖啡。」服務員都會反射性的問：「One Coffee?」對於我們這種跨國婚姻而言，這些小插曲早已見怪不怪。

話說回來，這可不是日本人才有的狀況，而是人類的天性。

由此可知，認清自己在其他人眼中的形象何其重要。

就以檜原為例，即便她平常工作很認真，但因為能見度太低，開會時臺下的反應才會這麼冷淡。

當一個人缺乏存在感時，自然不會有人把你當一回事。

反過來說，只要懂得提升自己的能見度，便能獲得信任，讓自己的提議更容易採納。

5 想成功？先站上打擊區

大川撞見在洗手間失控落淚的檜原，便邀她去咖啡廳聊聊。大川在聽完檜原的委屈後，就用老公的例子來開導。

檜原似懂非懂的問：「妳的意思是，不要以貌取人，而是聽聽對方說些什麼，是吧？」然後又繼續訴苦：「如果企劃案本身就不行，我也沒話說。可是我們經理從頭到尾都沒在聽。反正，他就是看不起我。」

大川問：「這就是企劃案被駁回的原因？」

檜原理所當然的說：「嗯。」

大川搖一搖頭：「我只能說，經理的反應很正常。」

檜原瞪大眼睛：「這不是以貌取人嗎？」

大川說：「以貌取人當然不盡公平。不過，就人性的觀點來說，再正常不過了。」

檜原不解的問：「不懂。」

大川接著開導：「妳聽過麥拉賓法則嗎？」

檜原結巴的問：「麥，麥什麼？」

大川笑了笑：「是美國心理學家麥拉賓提出的理論。他說，人類的情感表達中，語彙只占七％、聽覺占三八％，而視覺的比例則是高達五五％。由此可知，我們說什麼其實不重要。因為聲音語調，甚至外表才是別人判斷我們的標準。而且，我們在研判一個人的成就，甚至是否可以委以重任，關鍵就在於頭一次照面的二十秒。沒錯，就是二十秒。所以，來吧。給妳二十秒，讓我看看妳的能耐。」

大川說完以後，還按錶計時。

只見檜原慌慌張張的找藉口：「那個，我們經理又不是陌生人，我都在這個部門一年了。」

大川毫不留情的說：「不管一起工作幾年，我們很難改變別人的看法，第一印象非常重要。」然後看著手錶說：「二十秒了。這麼說吧，妳給我的印象就是不善言辭、慌慌張張的菜鳥。嗯，就是這樣。」

檜原還不死心的說：「什麼？我都還沒準備好……。」

大川體諒的說：「算了，我知道妳想說些什麼。無非就是想取暖，希望別人跟妳說不要以貌取人之類的。」

檜原怯弱弱的回答：「我只是希望大家看到真正的我，至少試圖了解一下也好。」

大川似笑非笑的說：「喔，真正的我……妳知道嗎？這個要求還挺難的。因為長相漂亮的人，可能個性有待加強；而大方得體的人，卻不一定好看。妳覺得哪一種人比較幸福？喏，左手還是右手？」

說完後，大川伸出雙手緊握拳頭，讓檜原二選一。

檜原猶疑的說：「嗯，左手。大方得體的人？」

大川揭開謎底：「錯了！那是妳對自己的期待。不要誤會，我現在說的是概率的問題。那些個性有待加強，但長相漂亮的女孩子，至少還有人追。即便每次約會都把男孩子嚇跑，但也很有可能在第十次，遇到合拍的另一半。以棒球來說，就是十比一的打擊率。相反的，長相不好看的女孩子約會的對象可能就會比較少。這就好比一位打擊手，總是坐板凳一樣。妳想想，連球棒都摸不上，還有打擊率嗎？退一萬步說，即便有全壘打的實力，只要踏不上壘包，打擊率就等於零。明白了嗎？」

6 穿衣服，要「加加減減」

檜原又委屈的說：「可是我在服裝打扮上一直很用心。」

大川都被逗笑了：「問題是模糊了焦點。」

檜原不懂的問：「什麼意思，模糊焦點？」

大川耐著性子說：「今天就免費給妳上一課。所謂**能見度就像數學，需要懂得加加減減**。好了，言盡於此。」

檜原連忙說：「再多說一點吧。」

大川無奈的笑：「總而言之，就是不可以什麼都不做，但也不要努力過頭。就好比妳今天的服裝，有夠誇張的。」

檜原今天身上穿了一件襯衫，從大老遠就看到閃閃發亮的名牌商標，還是暢貨中心的過季商品。

大川溫和的說：「用名牌服飾刷存在感也不是不行，只是要避免太顯眼的商標或標誌喧賓奪主。因為識貨的人，不用多費口舌也知道。不識貨的人，難道妳要一一解釋嗎？」

檜原訕訕的說：「嗯，不用。」

大川說：「是啊，**全身名牌的人反而暴露自己的缺乏自信。所以說，在正式的場合，記得低調再低調，避免穿戴過多。這就是減法的原則。**」

檜原若有所悟的說：「喔，減法原則。」

大川笑著問：「妳猜我身上的開襟衫是哪個牌子？」

檜原認真看了看：「雖然沒有商標，但材質不錯，應該是義大利的高級品牌吧？」

大川笑出聲：「想多了。早上有一點冷，臨時在車站前買的平價品牌，一千元有找。」

檜原不可置信：「看不出來！」

大川捉狹的回道：「厲害吧！」

檜原現在就是大川的小粉絲。她甚至想，同樣的開襟衫如果穿在大川身上，一定就是三千元有找的模樣。自己卻完全相反，即便是幾萬元的名牌，也能被她穿成地攤貨。總而言之，大川之於她如同星河般望塵莫及。

檜原急著問：「那加法又是怎麼一回事？」

大川笑了笑：「很簡單，以女孩子來說，就是飾品。特別是年紀輕，容易氣場不夠。**在重要的簡報或大型活動時，可以透過一些誇張的首飾凸顯能見度**。這就是所謂的加法。我年輕時，也戴過玻璃珠般大小的項鍊。」

檜原一臉訝異：「真的？可是，妳看起來很低調。」

大川回道：「那是因為我不想給人一種咄咄逼人的感覺，才盡可能選擇樸素沉穩、高雅的飾品。所以，現在的我用的是減法。也就是看 TPO，讓自己看起來低調一點。」

檜原點頭說：「說的也是。年輕時，因為氣場不足，可以利用誇張的飾品加強能見度。若不想給人太大壓力，就選擇樸素的造型，這就是您口中的加減法吧。」

大川欣慰的道：「沒錯，學得挺快的嘛！」

7 飾品小物的TPO法則

很多人都不知道服裝的魔力。例如，大名鼎鼎的蘋果（Apple）創辦人史蒂芬・賈伯斯（Steven Paul Jobs）總是一身黑色高領衫配藍色牛仔褲。其中的理由眾所皆知，我就省略不提，反正賈伯斯的個人造型甚至成為科技界的制服，引領創投經營者爭相仿效。

另外，Meta（臉書前身）的創辦者馬克・祖柏克（Mark Zuckerberg）也是其中之一，灰色T恤幾乎成了他的標誌。只不過也不便宜，大都是義大利奢侈名牌Brunello Cucinelli，可是他卻利用減法，讓人感受不到高級品牌的奢華。

雖然大川是從女性視角，教檜原如何透過加減法來提高能見度。不過，這套方法也適用於男性。**以剛踏入社會的新鮮人來說，穿著Y字型長袖襯衫，不僅能展現誠摯的專業形象，有時捲起袖管，更能給人活力十足的印象。**或是也可以搭配智慧型手錶、質感較佳的皮帶，讓自己看起來更穩重。這些都是加分的搭配方法。

另一方面，年紀較長的人如果不想給年輕人壓力，不妨脫掉西裝，只穿襯衫即可。像我的話，只要說到比較嚴肅的內容，絕對不會穿西裝外套，而是簡單套一件開襟衫，並且同時放慢自己的說話速度與聲調。這就是我的減法攻略。

除此之外，為了避免對方分心，我上班從不穿有圖案或花色的衣服。開視訊會議時，我也會在牆上掛上黑白色系的畫，以免背景模糊焦點。因為即便是視訊，我也希望對方全神貫注，而不是眼神到處飄。

然而，所謂的能見度，也沒有加加減減這麼簡單。

雖然提高能見度是為了吸引別人的目光，但積極向上的心態也很重要。

例如，有些娃娃臉的人會戴一副沒有度數的眼鏡，讓自己看起來成熟一點。但如果選錯款式，就達不到預期的效果。因此，在考慮應該加減法時，務必掌握以下原則。

首先，要注意TPO，其次是：必須自己也能夠接受。

搭配完後，找一面大鏡子，從頭到腳看一遍。如果自己也覺得不錯，才算過關。因為如果連自己這關都過不了，更何況別人？

當我們在店裡試穿衣服時，不論店員如何賣力的誇讚，只要自己覺得不好看，就絕對不要買；或是買衣服時，也可以找朋友陪同出主意。

事實上，一件衣服適不適合或喜不喜歡，光看走出試衣間時的神情就知道。比方說，立即打包，或者直接試穿下一件等。而挑選服裝的先決條件，其實很簡單：只要有絲毫猶豫，就不應該掏腰包。

8 越高階，越注重外表

檜原簡直崇拜到不行：「我可以拜您為師嗎？拜託您了！」

檜原的高分貝與莫名其妙的深深一鞠躬，吸引其他客人回頭望了一下。

大川一臉尷尬的說：「先坐下來。真是夠了，日本人怎麼動不動就來這一套。」

檜原也覺得不好意思：「對不起。」

大川說：「還有，也不要動不動將道歉掛在嘴上。對不起是只有真的做錯事時，才應該開口說的話。」

檜原忍不住又說：「對不……。」接著強迫自己吞下最後一個字。

大川意味深長的看著檜原：「傳授妳幾招也不是不行。不過，有一個先決條件，那就是妳必須下定決心。」

檜原不解的問：「下定決心？」

於是，檜原就這麼加入大川的魔鬼改造訓練營。

某天，檜原跟著大川來到東京的一家高級會所。那是上流社會專屬的俱樂部，出入的不是一流企業的大老闆與高層，就是職場菁英。

一踏進這個高級會所，檜原不禁卻步：「算了吧，我還是不進去了。」

大川看了她一眼：「怕什麼？妳就是個跟班的，狐假虎威的那一種。」

檜原驚呆的問：「狐假虎威……您是說我嗎？」

然後，大川選了一個可以觀察全場的最佳位置。

大川淡淡的說：「妳知道嗎？我在紐約總部時，誰會是下一任執行長，完全逃不過我的法眼。因為接班人的外表一定會有明顯的變化。比方說，積極瘦身，或者開始上健身房，維持健美的體態等。總而言之，**歐美商界有一條不成文的規矩，那就是連自己都管理不好的人，怎麼帶領整個公司？**因此，有志於大位者，一定得讓自己看起來無懈可擊。有些人甚至將稀薄的頭髮整個剃光，或者不留半點鬍鬚，只為了看起來更有威嚴。變化之大，即便是熟人，也可能就這麼擦身而過。」

檜原若有所思的問：「是喔，不過他們是知道自己要升官，才改變形象嗎？還是知道自己有可能接棒，才試圖改變形象？」

大川立即回道：「當然是後者。因為要是沒被選上，他們還需要改變形象嗎？」

檜原點點頭：「刷存在感……但如果沒選上，豈不是超丟臉？」

大川回道：「是啊，因為歐美社會相當注重外表。高階主管大都有專屬教練，專門指導形象或演講等。美國總統就是最好的例子。妳看看那些總統候選人，從宣布參選到投票當日，螢光幕下的他們，簡直就是活生生的個人進化史。」

檜原睜大眼睛：「天啊，簡直無法想像。」

大川清一清喉嚨：「好了，廢話少說。正式上課了。今天有一位某大企業呼聲最高的接班者在場，妳覺得應該是誰？」

檜原沒想到今天不是來蹭吃蹭喝，於是連忙環顧店內四周。當時，除了大川與檜原以外，只有五位穿著西裝的男士與兩位女士。看起來都不是小咖，而且穿著也很高檔。

檜原猶豫的說：「嗯，看不出來，每一個人都挺有可能……。」

大川笑笑道：「還用說嗎？這可是高級會所，有資格進來這裡的人，當然不會是泛泛之輩。不過，只要細心觀察，還是可以看到一些蛛絲馬跡。」

檜原一臉呆滯：「咦……？」

這個習題對於職場菜鳥來說，或許真的是強人所難。

9 上位者也需刷存在感

好萊塢電影為什麼能夠風靡全球？其實很簡單，因為劇本的設定不分族群，而是以普羅大眾為消費市場。特別是娛樂片，如果不能打破語言的隔閡，在不同國家上演，都能搏得觀眾一笑，只能面臨下架的命運。

事實上，**取得共識一向是美國商業界的思維**。

特別是在全球化的衝擊下，這種傾向更加顯著。

例如，透過形象改造，引發大家私下議論：「你看那個誰，瘦下來以後，還真是帥！」、「那個誰最近還挺會穿。」或者「不錯，某人越來越有執行長的架勢。」

周遭的共識就像一部賣座的好萊塢電影，讓人穩坐執行長寶座。總而言之，這就是眾望所歸的力量。當大家覺得某個人是執行長的不二人選時，那個人就越容易雀屏中選。

我雖然沒有當過執行長，但至少在執行長底下工作過，而且私交還不錯。老實說，誰來當都差不多。在上位者不可能因為換手，經營方針就有一百八十度的轉變，更不可能朝令夕改。

話說回來，一家企業的總舵手可不是阿貓、阿狗都能當。即便採取同樣的經營策略，由不同的人下達指示，執行程度也會有所不同。或許是因為外表、口吻、聲調，甚且振奮人心的言詞。換句話說，充滿溫度的情感交流很重要。

上位者因為身分的關係，難免給人遙不可及的感覺。因此，能見度的營造，便相形重要。

10 細節無所不在，例如：名片

檜原隨同大川前往俱樂部一個禮拜後，被電視上的一則新聞吸引住目光。因為螢幕上的人物，正是那天晚上在俱樂部看到的兩位女性之一。根據新聞報導，這位女士即將成為某飲料大廠的執行長，而且還是該公司的第一位女性高階主管。

檜原大驚小怪的說：「大川前輩，您早就知道了吧。」

大川一臉嫌棄：「別前輩、前輩的亂叫，好像我多老一樣，叫我小千就可以了。」

檜原小心翼翼：「好吧。小千……姐。」

大川鎮定的說：「妳傻了嗎？怎麼可能，這種內部消息，如果連我都知道，那就代誌大條了。」

檜原還是不死心：「可是，您明明……。」

大川接著說：「我怎麼會猜得那麼準，對不對？妳想想看，當天在場的人都有獨當一面的實力，有幾個人自己就是大老闆。最主要是，上位者會釋放獨特的存在感。這種感覺有點難形容，反正就是那種擋也擋不住的光芒、氣場。」

檜原繼續追根究柢：「可是，您那天說了，某大企業。」

大川說：「或許是社會責任的重擔吧。」

檜原問：「什麼意思？」

大川語重心長的說：「對於一位經營者來說，幾十個人的員工生計，與數萬人都靠他吃飯，其中的社會責任如何相提並論？大企業的老闆，他們的眼神絕對不一樣。怎麼說，孤注一擲的勇氣，或者說冷靜中又熱血沸騰。總而言之，我看過這麼多人，只有那位女性具備這種上位者的特質。」

檜原自找臺階的說：「不過，還是有點意外，沒想到是女性。」

大川幾乎翻白眼：「拜託！都什麼時代了。」

檜原不好意思的說：「對不起。不過，為什麼您光看眼神就知道？」

大川回道：「當然不是只靠眼神，還有其他訊息。」

檜原不解的問：「其他訊息？」

接下來，大川從名片夾中取出幾張名片，隨意的擺在桌上。

同時說：「這是我剛到紐約總部時，做過的案例研究。我還記得那是一場公司的慶祝酒會。導師[1]要我們從眾多賓客中，而且是透過自己手上拿到的名片，找出下一任高層人選。」

檜原不可置信的問：「只有名片……這不是大海撈針嗎？」

1 高盛的培訓為導師制，鼓勵資深員工協助新進人員。

大川卻說：「雖然只有名片，還是可以看出蛛絲馬跡。例如，設計有些人的名片，一看就是無法擔當重任的樣子。」

檜原點頭贊同：「對，我就覺得普普風的字體，不夠有分量。」

大川繼續說：「接下來，是觀察名片夾。例如，亮眼的粉紅色或沉穩的黑色。還有外表與服裝打扮，像是一頭齊肩的黑髮，配戴一條簡單的項鍊；或是深藍色襯衫搭配白色長褲、雙米色皮鞋等。最後是國籍。有些人明明是歐美人的長相，名片上卻印著漢字。當然，也有相反的例子。」

檜原誇張的說：「天啊，這麼多資訊，怎麼選擇？」

大川笑了笑：「不過就是案例研究罷了。誰會沒事拿著名片一張張猜測誰是下一任黑馬？其實，這個案例研究的重點在於，所謂形象並非單純來自外表，還包括任何與自己相關的資訊，例如：名片或職稱等，都有可能會讓對方先入為主。就像妳，我剛回來時，不是對我很好奇嗎？」

檜原心虛的說：「沒有啦，我那是……。」

大川調侃的問：「調查結果如何？以為我是土生土長的ＡＢＣ？」

檜原老實的說：「是，我以為您因為父母的關係，從小就移民美國！」

大川開朗的笑說：「我是上了大學以後才去美國。老實說，我對自己的英語一直沒有信心。應該是我比較會包裝，所以才給人ＡＢＣ的錯覺。所以說，外表或者氛圍都能夠營造不同的形象。而且，有些形象是我們在無意識中留下的。即便這些形象與真實的自己有所出入，但這就是外界所看到與接收到的訊息。」

檜原恍然大悟似的說：「所以說，形象還是很重要。」

大川回道：「可不是嗎？如果我們遇到的那位女性，給我的感覺不太對，我就不會即興教學。最重要的是，要是素質不夠，也不可能當上執行長。作為大企業的執行長必須有過人的魅力，這才是上位者的氣度。」

檜原問：「上位者的氣度？」

11 照鏡子，展現自我的最強武器

所謂的第一印象，是指對方看到我們的瞬間，在腦海中自然形成的印象。因此，即便是開錯房門，毫無防備的一臉愕然等神情，都會深深烙印在對方心上。

所以，在視訊會議前，我會對著鏡子，練習嘴角上揚，盡量讓自己看起來精神飽滿。

因為我不想螢幕上的自己，癟著一張嘴或無精打采的模樣，讓其他人擔心或臆測。

然而，除了視覺可能給人先入為主的印象以外，文字也必須多加注意。例如，個人簡歷，就有許多地雷。

以我來說，總是刻意略過學校或出生地等個人訊息。我之所以這樣做，是為了避免外界先入為主的偏見。

甚至連我的英文拼音「chi」，也是為了模糊國籍。大家可以猜想我是中國人或日本人，反正國籍不是我的賣點。反過來說，如果日本人的身分成為關注的焦點，對我而言，說不定得不償失。

這就是我不在名片上透露任何與日本相關的訊息，而是走國際路線的原因。這個習慣維持至今，不僅符合自己的履歷，又能拓展交際圈。

說到個人資訊，公開的尺度實在不好拿捏。因為大部分受人時地而異。各位不妨事先做做功課，視情況而定。不過，年齡容易引發偏見，說與不說，就看自己的判斷。

話說回來，凡是加分的資訊，當然應該多加分享或大力宣傳。

我還看過有人在名片上強調關西出身（按：關西腔和一般的東京腔相比，性格更為熱情），以便拉近與客戶的距離。

老實說，這也不失為一種自我宣傳的手法。

看到這裡，或許有些人會想：如此人生何其卑屈。但反過來想，這難道不是推銷自我的最佳機會嗎？

對於從未謀面的人而言，能見度可說是最強的自我宣傳。這麼好的武器放著不用，豈不是太可惜了嗎？

第三章

三步驟，讓別人記住你

1 能見度的三大步驟

某一天，大川用無比認真的眼神說：

「今天正式上課吧！」

突如其來的一句話，讓檜原不禁屏氣凝神。如果截至目前為止都是小兒科，那今天是魔鬼戰鬥營嗎？自己挺得住嗎？即便內心的獨白不斷，她卻毫不擔憂，反而因為期待蛻變，讓自己不再糾結於負面情緒，而躍躍欲試。

大川的私人培訓選在會議室進行。公司規定只有經理以上的層級，才能一對一開會。於是，檜原便利用大川的名義申請了會議室。

一進到會議室，只見大川說：「感謝您今天撥冗參加。」

檜原後退了幾步說：「小千姐，妳在開玩笑嗎？」

大川笑開嘴道：「那當然！在紐約時，我可是人稱亞洲幽默大師。」

檜原睜大雙眼問：「這還是第一次聽到！」

大川一臉正經的回說：「跟妳開玩笑的啦！」

於是，檜原訕訕的結束話題：「開始上課吧。」

大川真的很會活絡場子。當她用三言兩語緩解氣氛以後，不疾不徐的在白板上寫下三點。

①設定目標，決定自己的形象。

②始終如一。

③制定計畫。

她接著說：「所謂能見度，是指透過自己的存在感來影響別人。我給妳的講義寫得很清楚，而且也舉了幾個案例。」

檜原點頭：「您說過能見度高的人，哪怕是去擁擠的餐廳用餐，也無須久等；有希望成為執行長的人，光憑外表就能得知一二。」

大川欣慰的說：「沒錯，但很多人都不知道能見度對社會的影響，甚至會左右我們的人生。妳何其幸運，這麼早就覺醒了。」

檜原懵懂的問：「可是我還是似懂非懂。」

大川說：「好，今天的課題就是怎麼打造能見度。只要按照我所說的，就能提高辨識度。」

然後，大川伸出右手，在腰部比了一下。

檜原雀躍的問：「您是說我至少有一半的能見度，是嗎？」

大川無情的回說：「怎麼可能，想太多了。」然後，將手貼近地板，說道：「這個程度。」

檜原幾乎跺腳：「我哪有這麼糟。」

大川笑笑的說：「多好，有這麼多成長空間。盡情享受吧，加油！」享受成長的快樂。

這是在檜原的青春歲月中，從未思考過的課題。

然而，在認識大川以後，她似乎開啟了另一扇窗。現在的她有了學習的目標，每天活力充沛、幹勁十足。第一次為了自己而努力——這股心念讓她躍躍欲試，覺得人生充滿希望。

2 步驟一：設定目標

大川說：「好了，廢話不多說，上課吧！首先，妳必須設定目標。所謂的目標，就是妳想成為什麼樣的人。然後，用最快的速度達成。」

檜原不解的問：「什麼是想成為什麼樣的人？」

大川回道：「都可以！比方說，年薪百萬或是走到哪裡，都是最耀眼的那一顆星。甚至模仿妳喜歡的大明星也可以。重要的是，目標要夠明確。美姬，妳有想過三年後的自己，會是什麼模樣嗎？」

檜原老實的說：「沒想過。」

大川接著問：「一次也沒有？」

檜原略顯猶豫的說：「考大學與找工作的時候，算嗎？」

大川說：「拜託，那只是階段性的目標，我是指，想像自己想成為什麼樣的人？三年後的妳還是這個樣子嗎？」

檜原心虛的回道：「對不起，我從來沒想過。」

大川搖一搖頭：「這就好比只知埋頭讀書，卻不在意考上哪所大學一樣。妳覺得這種態度考得上一流大學？」

檜原低頭說：「……對不起。」

看著一臉哭喪的檜原，大川不禁苦笑。

大川安慰的說：「道什麼歉。很多人跟妳一樣，從未想過自己三年後會是什麼模樣。」

檜原乖巧的回說：「喔……。」

大川繼續說：「不過，我希望妳從今天開始，認真的思考這個問題。妳想想看，那些職棒選手如果沒有設定目標，怎麼提升打擊率？但是，能見度完全沒有這種問題，因為妳想成為怎麼樣的人取決於自己。因此，我們不用像職棒選手為了擠進美國大聯盟而拚命努力。能見度的目標可以高如山，也可以一步一腳印，從平地做起。我們不妨將能見度看作遊戲，重點在於闖關，而不是與其他人較勁。如何闖關，則是按照自己的步調就可以了。」

面對大川的靈魂拷問，檜原腦筋一片空白，不知該如何回應。但是，她想如果能按照自己的步調，當成一場角色扮演遊戲（Role Play Game，簡稱RPG），似乎就好懂多了。任何玩過角色扮演的人都知道，遊戲中最重要的是方向感，不能是路痴。

3 你想成為怎麼樣的人？

檜原不太確定：「所以，您的意思是，以自己的本質為主軸設定目標，對吧。」

大川說：「問得好。不過，稍微不同。因為所謂的本質或主軸，說到底就是自己，也就是比較難改變的部分。可是，妳真的清楚自己的本質或主軸是什麼嗎？而且，這也不是今天的課題。因為營造能見度是為了改變未來，我們應該讓自己的主軸盡量符合能見度高。」

檜原又問：「也就是說自己的主軸決定一切，是嗎？」

大川說：「沒錯。說得直接一點，就是妳想要別人怎麼看待妳。比方說，妳跟同事約好去附近的咖啡廳午餐，但因為工作，妳必須提早半個小時離開。試想妳踏出餐廳後，其他同事會怎麼談論妳？他們的評價不論好壞，都來自妳平時所營造出來的形象。」

檜原說：「感覺有點複雜。不過，我想任何人應該都希望有好名聲與好印象。」

大川說：「沒錯，換作英文的話，就是問自己：『Who do you want to be remembered as?』。妳想成為怎麼樣的人？而這個『Who』，就是訂定計畫的第一個目標。」

想要成為怎麼樣的人，或者如何自律等，其實執行起來並不容易。因為「當觀局者迷，旁觀者清」，基本上我們很難看清楚自己，更不用說從別人的角度，冷靜的自我分析。

檜原不禁想，她連現在的自己是什麼模樣都搞不清楚，更別說在三年後期待自己的華麗轉身。

4 給自己的問卷調查

檜原說：「我知道您的意思。不過，我覺得除了那些平時習慣打坐、冥想的人外，應該很少人能為自己訂定目標。至少對我來說，真的很難。您有什麼訣竅嗎？」

大川笑笑回道：「別擔心，早就準備好了。」

大川遞給檜原一張A4表格。

只見紙上分成上下兩部分，其中又分成細項。

大川說：「這是自我形象評估表。類似一種自我問卷調查，從一些簡單的問答，可以看出妳了解自己多少。」

檜原一臉狐疑的說：「自我問卷調查？」

大川回道：「對，就像妳說的，我們很難站在客觀角度，觀察自己的外在形象。即便自問自答，最後也可能偏離事實。所以，我才特別準備這一份問卷表（見左頁表3-1、表3-2）。透過白紙黑字，讓妳了解自己。」

檜原點頭說：「只要回答上面的問題就可以，是吧？」

大川說：「沒錯。別擔心，這只是簡單的自我測試，放輕鬆就好。」

於是，檜原粗略看了一下手上的表格。

問題大都環繞身體語言、表情或行為舉止等，還以為是演藝圈的面試。她不禁想，這樣真的就可以了解自己嗎？

大川接著貼心的解釋：「這份問卷調查分成兩部分，上面的表3-1是從主觀意識與思維出發，而下面的表3-2則是站在客觀角度，分析自己的外在形象。所以，有時會出現落差。

「例如，針對上面的問題，覺得自己真的好棒。可是，下面自我評分表中，第二項的『充滿自信』卻出現2，甚至1的差評，就很奇怪吧？其實原

表3-1　自我形象評估表

	問題
1	何謂形象？
2	形象對於個人的影響多大？
3	如何客觀評斷自己的身體語言？
4	如何客觀評斷自己的表情與言行舉止？
5	【視覺資訊】自己的服裝、鞋子、皮包或髮型，是否需要改進？理由為何？
6	偏好與抗拒的顏色是什麼？
7	想嘗試的顏色與其理由。
8	【聽覺資訊】自己的聲調或說話方式（含遣辭用字），是否需要改進？理由為何？
9	覺得自己具備能見度嗎？理由為何？
10	注意過自己的行為模式、小動作或壞習慣嗎？
11	心目中的成長目標（如外在、能見度或自己）是什麼？

表3-2　自我評分表（外人眼中的自己）

	特徵／性格	分數
1	能力不錯	
2	充滿自信	
3	聰穎睿智	
4	敞開心胸	
5	真誠可靠	
6	平易近人	
7	積極向上	
8	親和力佳	
9	律己甚嚴	
10	獨立自主	

1：完全符合　2：不符合　3：符合　4：非常符合

因無他。這個落差凸顯了內心對自己的期盼。如此一來，就能找到目標。」

檜原點頭如搗蒜的說：「說得也是，環環相扣。」

大川說：「可不是嗎？還有，妳知道下面的自我評分表，為什麼要用四分嗎？因為以人性來說，如果是五分，大都會模稜兩可的選擇三。所以才特地用四分，以避免模糊地帶。」

5 想做就做，不叫決心

檜原看著大川遞給她的問卷調查，忍不住開口問：

「做完這份表格後，就能找到自己的目標了吧！不過，會被小千姐打回票嗎？」

大川說：「當然不會。說不定打回票的是妳自己。」

檜原問：「您的意思是，我自己發現目標不對嗎？」

大川回答：「是的。妳接受過『教練學』（coaching）指導嗎？」

檜原想了一想說：「沒有。」

大川說：「基本上，教練的主要任務是提供學員專業建議，而不是改變學員的思維。為什麼？因為『Coach』的意思是馬車，它的工作就是將搭車的人載去他們想去的地方。」

檜原猶豫了一下：「馬車？COACH（蔻馳）不是名牌包嗎？」

大川說：「對，那個名牌包的標誌不就是馬車嗎？試想，如果馬車不受控到處亂跑，很怪吧？總而言之，妳是主人，而我就是那輛馬車。所以妳說東，我就不會走西，頂多提醒一下主人：為什麼去哪裡？或者前面就是懸崖絕壁，您確定要繼續走下去嗎？如果我已經善盡提醒的責任，但主人還是選擇盲目向前衝，那也沒辦法，反正後果自負。不是有一句話說『失敗為成功之母』嗎？」

檜原突然反問：「所以，如果我想將頭髮染成螢光綠，您也會說『不錯啊，反正都是一種經驗』？」

大川平靜的說：「沒錯。不過，我應該會先問為什麼是螢光綠？」

檜原回答：「假設我說，是因為想要有一個全新的自己……？」

大川繼續靈魂拷問：「為什麼想要有一個全新的自己？」

檜原開始思考：「因為自己的實力沒有發揮的空間。」

大川引導的問：「哪方面的實力，例如？」

檜原回說：「雖然我偶爾也會穿一些名牌服裝。但其實我很保守，而且循規蹈矩，是大家眼中的乖乖牌，連我都覺得自己無趣。所以我就想，或許標新立異、不按理出牌，能讓自己的人生更多采多姿。」

大川興趣盎然的問：「所以有一頭螢光綠的頭髮，能為妳帶來什麼人生樂趣？」

檜原沉浸在幻想中：「例如，別人會想美姬竟然染髮了，滿有意思的。或許她也可以嘗試不一樣的工作。」

大川問：「什麼是不一樣的工作？」

檜原遲疑的回說：「不一樣的工作？這有點難表達，應該是我沒有做過的吧！」

大川毫不客氣的潑冷水：「但妳有沒有想過，這種改變可能會讓妳得不償失？」

檜原不自覺的說：「什麼？」

大川說：「雖說為了轉變而放棄現有的一切，也是種方法，但妳有沒有想過會付出什麼代價？」

檜原一臉懵然的問：「付出代價？」

大川說：「就是妳在別人心目中的形象。妳以為一個人的形象能說改就改嗎？如果妳單純的以為，換個髮色就能改變一切，那就去做吧。不過，如果妳是想讓工作更開心或有趣，我勸妳別浪費力氣。」

6 每個人都有無限可能性

自我形象評估表是我在提供能見度諮詢時，經常使用的輔助工具。整個過程包括填寫問卷調查和事後討論，前後大約需要一個小時。

接下來，就讓我們逐一介紹第一一三頁表3-3、表3-4的評估項目。其中，值得注意的是第四項——言行舉止。

什麼是言行舉止？例如：總是缺乏信心，或者身為董事長，卻缺乏應有的領導者氣勢；或是面對同性應對自如，一旦遇到異性，卻手足無措等。

除此之外，在第五項，針對服裝、皮包或髮型等，是否需要改進與其理由這類問題，若一開始便回答「沒有」，我通常會禮貌性的說：「雖然目前您不需要接受形象的教練課程。不過，如果以後您有需要，我隨時奉陪。」

至於第六項關於偏好與抗拒的顏色，我反而會花時間深入探討背後的理由。而第八項的聽覺資訊，我則會讓學員試著分析自己的聲調、說話方式與速度等。

針對第九項的能見度，當學員回答符合時，我會進一步詢問理由。接著了解第十項，分析其行動類型、小動作與壞習慣。最後，利用第十一項作為總結，請學員列舉模仿的對象，找出自己期許的外在形象、能見度等，並設定整體的成長目標。

在列舉模仿對象時，學員可能會選擇虛擬人物，例如某本小說中的角色；也可能是現實生活中的演藝人員或新聞主播。不論前者或後者，我都會在談話中，導引出學員憧憬的特色與形象。

事實上，即便我們非常了解自己，但有時很難用言語來描述。然而，透過自我分析，至少可以知道從何著手。

接下來是自我評分表。事實上，表格上所羅列的十項提問，都是成功人

表3-3　自我形象評估表

問題	
1	何謂形象？
2	形象對於個人的影響多大？
3	如何客觀評斷自己的身體語言？
4	如何客觀評斷自己的表情與言行舉止？
5	【視覺資訊】自己的服裝、鞋子、皮包或髮型，是否需要改進？理由為何？
6	偏好與抗拒的顏色是什麼？
7	想嘗試的顏色與其理由。
8	【聽覺資訊】自己的聲調或說話方式（含遣辭用字），是否需要改進？理由為何？
9	覺得自己具備能見度嗎？理由為何？
10	注意過自己的行為模式、小動作或壞習慣嗎？
11	心目中的成長目標（如外在、能見度或自己）是什麼？

表3-4　自我評分表（外人眼中的自己）

	特徵／性格	分數
1	能力不錯	
2	充滿自信	
3	聰穎睿智	
4	敞開心胸	
5	真誠可靠	
6	平易近人	
7	積極向上	
8	親和力佳	
9	律己甚嚴	
10	獨立自主	

1：完全符合　2：不符合　3：符合　4：非常符合

士的共同指標。

透過每個項目的評分高低，可以幫助學員逐漸掌握自己所期待的形象。從客觀角度評論自己的外表或形象看似簡單，但實際上並不容易。特別是對於亞洲人來說，尤其欠缺職涯的概念。

因為我們自小便被灌輸從眾的重要性，不論是外表或行動，都被要求不應特立獨行，而是盡可能的合群。

在我的諮商案例中，不少學員會鼓起勇氣說：「其實我一直希望成為怎麼樣的人。」一面對這些學員，雖然我為他們過去走了許多冤枉路感到婉惜，但一想到提升能見度以後，他們將發光、發熱，便讓人充滿期待。

總而言之，自我形象評分表看似簡單，卻能發揮意想不到的效果，開發自己過去所忽略的潛能。而華麗轉身的第一步，就是找出成長目標。

7 步驟二：始終如一

「妳沒有想過會付出什麼代價？」

面對大川的詰問，檜原突然啞口無言。她心裡暗想，能見度不就是改變形象嗎？然而，這件事並非二分法那麼簡單，也需要付出代價。所謂形象就像技能一樣，是一個人長期累積的財產，並不是心血來潮就能改變，例如：因為春天來了，而感到煥然一新。

檜原回想，過去每當失戀或遇到瓶頸時，她總喜歡換個髮型或打扮來轉換心情。在大川的當頭棒喝下，她才警覺到，從能見度的角度來看，過去的行為是何等輕率。

於是，檜原心虛的說：「確實如此，原本的黑髮突然換成一頭螢光綠，大家都會想『怎麼了？』然後，各種想像或謠言滿天飛，而且很可能大都是負面的。」

大川誘導的回說：「沒錯。很少人會想：『美姬怎麼了？談戀愛了，還是中樂透了？染了這麼漂亮的髮色。』就如同我剛剛說過的，人類是不喜歡變化的生物。突如其來的改變，反而讓人覺得突兀。」

檜原疑惑了：「只是稍微改變一下也不行嗎？」

大川溫和的說：「當然不是。如果外界感受的突兀是正面的話，就不一樣了。例如：競爭執行長寶座的人所展現的霸氣。」

檜原醍醐灌頂的回道：「就是上次您說的，黑馬執行長的氣場必然不同，不用靠近都能感受到。」

大川欣慰的說：「是的。此時的突兀，或者說違和感，因為是正面的能量，反而能達到自我宣傳的效果。總而言之，這是維持一致性的小撇步。」

檜原說：「原來如此。那麼，是不是當內在或外在環境改變時，例如轉換工作跑道或調派不同崗位，就可以考慮改變形象？」

大川說：「沒錯。重要的是，自己的理想形象必須與能見度同個層級。正如我現在說的，當妳期待改變或已經改變時，妳的形象也應該隨之調整。舉例來說，好不容易當上主管，在公司卻還穿著年輕女孩喜歡的蕾絲邊洋裝。妳覺得怎麼樣？是不是很突兀？」

檜原說：「如果是我，大概也不想與這樣的上司共事。」

大川說：「其實，改變形象並不是不行，但應該保持一致。只有這樣，才能給外界帶來安心感與信任感。特別是透過職涯規畫或提升技能，來達成目標的人，在改變形象時，更要小心謹慎。」

檜原問：「所謂始終如一，要做到什麼程度？說個題外話，小千姐視訊時，待機的樣子與私底下完全一樣耶。」

大川回說：「當然啦！妳想想看，如果上線時，螢幕上出現不熟悉的面孔，其他人肯定會一頭霧水或很困惑。然後，他們心理會冒出一堆問號：『這個人是誰？』還有，大頭照都拍得美美的，如果平常也要維持這樣的形象，不是很累嗎？」

檜原同意的說：「沒錯，如果看到本尊以後，對方心裡想：『喔，跟照片差那麼多……。』第一印象就不好了。」

大川接著教導：「更重要的是，在宴會人多的場合，如果照片與本尊相差太大，說不定就算站在對面也都沒人認出來。這就是個人形象要始終如一的目的。如果動不動就換髮色、長髮變短髮、沒有固定的服裝風格，當然無法一眼認出對方。所以，切記，**形象是為他人打造的，而不是自己。**」

8 堅持到底，才能贏得信任

各位還記得前面提過的史蒂夫・賈伯斯嗎？

除了因蘋果創辦人而聞名外，他一成不變的黑色高領衫、牛仔褲和眼鏡的裝扮，早已成為他個人的獨特標誌。無論在任何場合，他的穿著總能讓人一眼認出。

另外，像是美國前總統巴拉克・胡笙・歐巴馬（Barack Hussein Obama II），每次出席重要的國際會議，總是選擇深藍西裝、白襯衫和紅領帶。身為國家領袖，不論是西裝、襯衫或領帶，若隨心所欲，愛怎麼穿就怎麼穿，不僅會引來媒體的批判，甚至可能引發國內動盪不安。這也就是為什麼他的服裝總是一成不變。

以女性來說，前英國女王伊莉莎白二世（Queen Elizabeth II），在形象上的堅持，也讓人欽佩。她跟前面案例不同的是，明明在公開場合中，服裝換了又換，卻絲毫不影響她身為女王的形象。

事實上，如果搜尋一下相關報導，就會發現她的服裝在顏色或剪裁上並無固定模式，但她卻能營造出獨特的一致性，這應該源自於她那渾身散發出來的品格與威嚴——因為對於皇室成員而言，維持形象尤為重要。

由此可見，即便服裝或髮型有所變化，他們依然能夠輕易被辨識，並且不容忽視。這種形象不僅讓人留下深刻印象，更能激發他人的信賴感。例如，總是被指派工作或專案，或是成為主管的口袋名單，若遇到晉升的機會，將永遠在第一時間出線。

如果能做到這種地步，工作機會就會源源不絕。不過，在此之前，最重要的，還是維持能見度的一貫性。這就好比醫生，總是穿著白色大掛，病患才會安心。因此，保持一致的形象，才是贏得信賴的最大武器。

9 步驟三：制定計畫

吸引眾人的目光固然重要，但如果太顯眼又會適得其反。最理想的狀況是，兼具品味，讓形象自然流露、不扭捏。

檜原心裡默默思索：自己想成為怎麼樣的人？又希望自己在別人眼中是什麼樣子？她覺得應該制定一個明確的計畫。

但話說回來，究竟什麼才是成為自己想要成為的人？

大川看著她身上的衣服，突然問：「妳喜歡這種顏色？」

檜原今天穿了一件嫩粉色開襟衫，這種色系幾乎成了她的代表色。

檜原一直以為自己可以駕馭這個顏色。然而，被大川這麼一問，她也不免遲疑起來。

檜原訕訕的說：「也不是，就是習慣穿這個色系。」

大川說：「不可能。這一定有什麼理由，只是妳自己沒有察覺罷了。妳從以前就喜歡粉色？」

檜原回道：「不是，我是來公司以後才開始穿。因為剛來時，整間辦公室全是男生，只有我一個女生。而且年紀也比較輕，我就想好像應該打扮得有女人味一點。於是，自然而然的就選擇了粉紅色的衣服或戴耳環、飾品之類的。」

大川看著她，沒有立刻回話：「……。」

檜原心虛的問：「不能穿粉紅色嗎？」

大川耐心解釋：「就現在來說，女性在職場中展現自己的特質是好事。我剛踏入社會時，剛好相反，很多人覺得太女性化就輸了。當時很流行中性裝扮，例如大墊肩的西裝外套或寶藍色套裝。反正就是盡可能的武裝自己，跟男性一較高下。可是，妳看看現在，時代不同了。有時候，女性的特質反而可以成為職場上的武器。只不過關鍵在於，這個特質能否為自己加分。」

檜原不解的問：「加分？」

大川解釋道：「其實，穿粉紅色的服裝上班沒有問題。只要妳想展現女性的特質，而且對工作有幫助就好。最重要的是，無論妳選擇什麼衣服或顏色，它能不能成為妳的『武器』，幫助妳在職場上脫穎而出。」

聽到這裡，檜原不禁回想起自己剛進公司時，整間辦公室都是男性，突然來了一個年輕女性，大家的反應她自然能感受到。甚至有位主管直截了當的表示：「妳之所以被錄取，是因為妳不像現在的小女生那樣嘰嘰喳喳。」

檜原想，或許正因為如此，她才誤以為女人味就是自己的強項。

然而，當真如此嗎？公司現在不只她一位女生，而且隨著年紀的增長，女性的形象也會有所變化，她還能繼續扮演剛進公司小女生的形象嗎？

檜原說出心中的疑慮：「如果我說我就是喜歡粉紅色，想用粉紅色展現女人特質，小千姐怎麼看？」

大川笑笑的說：「粉紅也有很多種。像妳就偏愛淡淡的嫩粉色，沒看過妳穿鮮豔的桃紅色。我覺得嫩粉挺適合現妳年輕的形象。不過，接下來？妳覺得公司會提拔一位看起來清純可愛，工作能力卻不一定突出的小女生嗎？妳應該問問自己，為什麼要進這家公司？是當職場花瓶？還是想透過工作實現自我價值，同時領取相對的薪酬？」

大川的一席話有如醍醐灌頂，讓檜原心中的陰霾一掃而空。她剛進入公司時，同事都叫她「小女生」，她也就配合這個角色過日子。不知不覺中，她的存在感越來越低。

當時，她以為那是職場的生存之道。

直到大川的開導，檜原才恍然大悟，原來自己根本不喜歡粉紅色。

即便她想展現女性的特質，也並非只能透過粉紅色來表現。

這個醒悟讓檜原突然覺得身上的開襟衫，或辦公桌上各種粉色小物件，怎麼看都不順眼。

檜原不禁說：「小千姐。」

大川回說：「嗯？」

檜原吸一口氣說：「我決定了。我要從此放棄粉紅色。」

10 不要小看隨身物品

我在紐約總部工作時，除了前面提過的名片以外，還曾經負責面試。當時，公司安排了三位應聘者。每位應聘者的外表都無可挑剔，面對任何問題，也回答得井然有序。

最後一關是筆試，桌上一眼望去就是他們自備的文具。三位應聘者中，A在桌上放了一支價值不菲的銀筆，B使用的是普通鉛筆，而C則選擇了帶有吊飾的自動鉛筆。試想，如果三選二，大家認為誰會被淘汰？

我相信絕大部分的人會說：「當然是C，誰會在面試帶那種吊飾自動鉛筆？神經也太大條。」可是，外表和能力到底有什麼關係？其實，認為面試時不能拿吊飾自動鉛筆，就是一種先入為主的偏見。

俗話說：「成者為王、敗者為寇。」一旦在面試落選，任何藉口都是馬後炮。因為形象決定一切，即便是文具這樣的細節，當然也不能馬虎。由此可知，營造形象的策略非常重要。就算一身粉紅也無所謂，重點不在於什麼顏色，而是透過顏色彰顯的目標。更何況粉紅色千百種，只要深思熟慮、選對顏色，顏色就不會是問題。

除此之外，也有些人明明工作表現不錯，卻總是被主管忽略。此時，有可能是因為日常的裝扮或配飾等，導致能見度低。

該如何改變？答案很簡單，就是反向操作。例如，穿上意氣風發的西裝，或者佩戴成熟的飾品，讓自己看起來更有魅力。當你能輕鬆駕馭這些裝扮時，就是進階的時機。畢竟，無論是佛要金裝、人要衣裝，裝扮精緻的人，別人總對你刮目相看。

11 光鮮亮麗不代表一切

我之所以想寫這本書，並非只針對職場小白。但不可否認的是，這些都可能成為職場的武器之一。

比方說，西裝外套。誰知道高層什麼時候會來？因此，為了以備不時之須，我在公司一定會放一件黑色西裝外套。尤其我從事人力資源工作，經常會遇到像解僱這類的尷尬場面。

試想，面對解僱這樣嚴肅的話題，如果人力資源主管一身輕鬆的T恤，還談得下去嗎？或許有人會認為，一般業務來往或開個小型會議，有必要這麼正式嗎？我認為，避免對方因為些微細節移轉注意力，才是關鍵所在。我想沒有人會希望自己的工作表現，因為服裝或配飾受到影響。

除此之外，替換的襯衫也是職場必備。更何況一到夏季，天氣炎熱悶溼，光是走路都能滿頭大汗。穿著溼答答的襯衫，如果連客戶都替你感到難堪，那還談什麼生意？

對於亞洲人來說，大汗淋漓或許是認真做事的表現，但在歐美人眼中，卻是不得體的應對。因為他們不相信怎麼有人會讓自己如此失態，反而懷疑有什麼預謀之類的。於是，對方便在心中打上大大的問號。

自古以來，日本一直是特別注重禮節的民族。例如受邀出席茶會時，必須換穿足袋（分指襪）。因為茶會有專屬的足袋，沒有人會穿著自己的足袋進入茶室。

這種做法除了避免引起他人不快以外，同時也展現自己的清潔感。

由此可知，在公司多準備一件襯衫，絕對有益無害。對於那些人喜歡T恤加件外套的人來說，更不費事，簡簡單單就能提升自己的存在感。

12 配飾也需要畢業

大川突然說：「恭喜美姬，畢業了。」

然後接著解釋：「妳知道嗎？身上的配飾也是有晉級或畢業的時候。就好像小學畢業以後，就不再背小學生的書包一樣。所以，我們的裝扮或隨身物品，也應該配合不同的人生階段調整。」

大川還特別指出新鮮人常穿的制式套裝。

大川說，那種套裝只適合剛進職場的新人。一旦實習期結束，就該像小學生的書包一樣擺一邊。她問道：「妳看過哪一位資深員工穿著新人的套裝到處晃？他們會根據自己的職位，選擇合適的服裝或配飾。也就是說，這些人會隨著身分的提升而調整自身的打扮。

大川繼續說：「粉紅色並沒有不好，不少女性都能穿出高度。但問題不在於顏色，而是妳的本心。對於職場新人來說，配合周遭的氛圍，勉強自己扮演小女生的角色，以保住飯碗也無可厚非。但是，妳都來公司幾年了？難道不應該往前踏一步？所以說，妳在新人時期的那些衣服、閃亮亮的配飾都可以收起來了。」

畢業也有畢業的方法。

其一，是配合身分地位，調整服裝或隨身物品；其二是事先布局，換掉自己的服裝或隨身物品。不用說也知道，後者的做法當然比較積極。

大川接著說：「我們晉升與否，取決於別人。但他們是根據什麼來決定？就像我前面說過的，很多人明明工作績效不錯，卻因為形象不過關，以至於錯失獨當一面的大好時機。如果不想陷入這種困境，就盡快換掉自己的服裝或隨身物品。穿什麼、配戴什麼是個人的自由，不是嗎？」

總而言之，晉升與否取決於他人，而我們該選擇哪些服裝或隨身物品，則完全掌握在自己手中。

於是，檜原信誓旦旦的說：「我要跟那些粉紅色的衣服或小物件說掰掰，因為我不想原地踏步。」

我們都是在不斷的畢業中，茁壯成長。

13 星期五的好習慣

隔天，檜原收到大川的電子郵件。

其中，還有「週五確認表」的附件。檜原打開一看，發現表格中除了週一到週五以外，還有幾項分類。例如：行程表、形象、服裝、配飾、領帶／鞋襪、隨身物品等（見下頁表3-5）。

檜原趁著與大川在咖啡店午餐時，拿出影印出來的表格，問道：

「小千姐，這是什麼？」

大川平靜的回說：「表格。」

檜原困惑的問：「這我當然知道，我就是看不懂，才問妳！」

聽到檜原這麼問，大川不禁訝異了一下，原來美姬是這麼口直心快的

表3-5　週五確認表

		星期一	星期二	星期三	星期四	星期五
行程表	簽到					
	線上					
形象						
服裝	上半身					
	下半身					
配飾／領帶						
鞋襪						
隨身物品	皮包					
	物件					

人。不過，雖然檜原的問法很直接，卻沒有讓大川感到不快。

就在此時，大川與檜原之間的信任關係悄然萌芽。要是之前，檜原絕對不會想到什麼就說什麼。

大川暗自思忖：「這孩子不一樣了。」

面對檜原的疑惑，大川解釋道：「一週行事曆，主要用來規畫裝扮與配飾。妳也看過我的行事曆吧，就是用這表格。」

檜原回說：「您的行事曆分成上午、中餐（會議）、下午，每個小時寫得清清楚楚。例如，跟誰在哪裡見面、穿些什麼。」

大川說：「是啊。我的行事曆都是前一個週五決定的，所以才叫做週五確認表。」

老實說，大川自己也不知道這個習慣是從什麼時候開始。一到週五晚上，就開始思考下週的服裝搭配。如此一來，早上就不用為穿搭煩惱，節省不少時間與精力。

除此之外，週五確認表，還能通盤檢討下個星期的工作內容。例如，週二有跨部門會議或週五要向大客戶做簡報。在思考穿搭的同時，我也順便檢查自己的資料是否準備齊全，可說是一石兩鳥。

檜原佩服的說：「您的行事曆真的好厲害，從襯衫、皮包到首飾，都安排得一清二楚。」

大川笑著回道：「是啊。所以，我對衣櫃裡的物品一清二楚，也不會因為送洗或修改，而找不到衣服。而且，因為物品整理得乾乾淨淨，還能順帶管理好工作行程。千萬不要別小看穿搭的影響力。」

檜原受教的說：「嗯。我也趕緊整理一下自己的衣櫃，特別是那些好久沒穿的衣服。」

14 斷捨離，也是一種能見度

在開始執行週五確認表時，許多人會遇到一個共同的瓶頸——衣服的斷捨離。當真正整理衣櫃時，才發現許多衣服都不知道放幾年了。面對堆積如山的舊衣，不少人不禁茫然，不知該從何下手。

一件衣服能在衣櫃「冰凍」三年以上，背後總有原因。常見的情況大致分為以下三種：

一、念舊型

這就好比明明畢業了，卻還留著書包一樣。例如，有些人即使進入婚姻，生活方式有所改變，卻仍保留單身時期愛用的衣服或名牌包。

對於這類情況，最有效的方法是正視人生階段的不同，大膽揮別過去，讓生活更輕盈。

二、衝動型

這類人經常因一時衝動而購物，怦然心動的買下一件衣服，回家後才發現並不適合。結果，只好讓這些衣服躺在衣櫃裡。不論是念舊型還是衝動型，只要衣服不合適，該丟就丟、能送人就送人；沒穿過的衣服還可以上網拍賣。衣服對我們來說不過是加分項，如果只是為了追求流行，無疑是本末倒置。

三、節儉型

有些人將衣服能穿就穿，視為一種節儉的美德，其實是大錯特錯。試想，身上套著一件滿是毛球、鬆垮的毛衣，有什麼形象可言？非但無法展現節儉的美德，反而可能破壞形象。衣服的重點不在於名牌，而是乾淨整潔。

由此可知，即便是名牌包或名牌鞋，一旦老舊就是減分。

節儉當然是美德，不過前提是維持良好狀態。

15 怎麼讓別人注意你？偶爾改變

以個人形象來說，沒有什麼比不合身的衣服更扣分了。即便某件衣服緊繃到不行，仍有人總想著：「沒關係，等瘦下來就剛剛好了。」結果，穿到連自己也彆扭，還有什麼能見度可言？所以，那些不合尺寸的衣服就斷捨離吧！

當然，我們對某些衣服可能懷有特殊感情，此時不妨準備一個紙箱，把這些衣服當作紀念品收藏起來。

除此之外，對於偏好小碎花洋裝、奇裝異服，甚至偏龐克風等的人，不妨留到週末盡情享受。私底下的穿搭，你愛怎麼穿就怎麼穿。

即便偶爾在街上遇到同事或客戶，也無須太在意。因為私下的裝扮與平時完全兩個樣，反而讓人忽略其中的差異性。

以我來說，私底下偶爾也會穿和服上街，還真的沒什麼人在意，頂多讚美一句：「大川妳也穿和服呀！」當然，並不是所有穿搭都會被稱讚。不過，休假，誰又會那麼認真計較？

總而言之，只要上班的穿著維持一致性，偶爾變化反而是加強個人形象的催化劑。

相信大家都從新聞報導中，看過美國總統度假時的休閒裝扮。平時嚴謹的一面已經深入人心，因此私下的馬球衫加短褲，仍無損一國元首的形象。這種做法反而可以形象營造，透過鏡頭，讓觀眾感受上位者的親和力。

16 權力裝扮

週五確認表的目的在於，幫助我們找出自己的「最佳裝扮」，以此培養自信。就商業界而言，所謂權力裝扮（Power Look），是指展現專業與自信的服裝儀容。

即便現在的時代氛圍較為自由，但男性的職場搭配仍然以深藍色外套、白襯衫加上有品味的領帶為主流。簡單的說，這就是他們的職場戰袍，有人甚至將這種裝扮視為職場決勝負的祕密武器。

對我而言，權力裝扮與其說是武器，更像是「神隊友」。它是我在重要場合中最堅強的後盾，給予我信心。

當然，權力裝扮因人而異。以我來說，褲裝就是我的神隊友。原因無他，我穿長褲可以讓身材顯得更加修長，從而提升自信心。其實，以前的我習慣披件外套，但隨著時代與時間、地點、場合的不同，我也逐漸調整了自己的穿著風格。

另外，一提到權力裝扮，不免讓人聯想到誇張鮮豔的服裝，但事實不然。因為重點在於觀眾，也就是對方的觀感，以及自己的自信心，而且不能有損形象。順帶一提，我個人的權力顏色是黑色加金色的黑金組合。

如果你對自己的權力裝扮還不夠了解，不妨去服飾店多嘗試各種風格，從中找出靈感。如果有親朋好友陪同，給點意見更好。

我也常常陪朋友外出購物。一件衣服合不合心意，走出試衣間的表情就看得出來。當事人絕對會掩藏不住興奮的說：「很適合我吧？」或「超美的吧？」等。當遇到真心喜歡而不是模稜兩可時，喜悅便會油然而生。請大家務必記住此時的表情，不論是自己或請他人代勞。所以，找出權力裝扮的關鍵在於：不厭其煩的在試衣間試了又試，直到遇見最適合自己的款式。

其中，最有效率的方法，就是我所提倡的週五確認表，以週為單位，規畫每個星期的服裝與配飾。

第四章

菁英這樣展現能見度

1 驚豔的目光就是最好的證明

辦公室裡對於檜原的改變開始竊竊私語：「美姬好像不太一樣了耶。」

A擠眉弄眼的說：「呵呵，交男朋友了吧。」

B反駁道：「怎麼可能，八成是被甩了。」

雖然職場中難免有人喜歡八卦，但大多數同事都對檜原的脫胎換骨，給予正面評價。

檜原不是從不起眼變得光鮮亮麗，而是從一身粉紅的甜美風，或總是將名牌標籤穿在身上的服裝風格，改為低調的色系與簡約花樣。然而，同事眼中的脫胎換骨，其實是檜原在大川的指導下，幾經檢討後得出的作戰計畫。

檜原感慨的說：「您給我了這張週五確認表以後，我才知道自己以前有多無知。我從上班以來，每天的穿著打扮從沒考慮過時間、地點、場合，或是對方會怎麼看。這次多虧您的幫助，我才淘汰衣櫃裡一些衣服和皮包。不過，接下來我可能每天只能吃飯糰，一直挨到公司發獎金。」

大川忍俊不住的道：「也不是沒有收穫，至少有人說我們美姬可以獨當一面了。我猜，不出一年，當上小組長也不難。」

檜原幾乎驚到掉下巴的問：「小組長？怎麼可能！」

檜原一邊說著，一邊若無其事的吃著義大利麵。然而，即便表面再如何淡定，被大川肯定，還是讓她感到輕飄飄。哪怕是場面話，只要是女神的金口玉言，檜原都甘之如飴。

更何況，她從未想過，自己也有出人頭地的一天。不過，在大川的引導下，檜原開始隱約意識到，眼前或許有更上一層的臺階，正等待著她。

2 不能說：「你聽懂了嗎？」

大川一口喝掉咖啡後，說：「外表的能見度也訓練得差不多了。接下來是溝通的能見度。」

檜原不解的問：「什麼意思？溝通也有能見度嗎？」

大川問道：「我問妳，什麼是溝通？」

檜原不太懂她的用意：「人與人的交流？」

大川接著問：「為什麼交流？」

檜原小心的回說：「傳達自己的感覺或心意。」

大川揭開謎底：「答錯了。溝通的真正目的，不在於心意的傳達。」

檜原一臉迷糊：「那是為了什麼？」

大川理所當然的說：「讓對方理解自己。」

檜原依然不懂：「理解自己？」

大川耐著性子解釋：「如果對方根本搞不清楚妳想傳達什麼，那就是白忙一場。溝通的最終目的，是讓對方理解。如果做不到這一步，就只是在自說自話罷了。換句話說，我們總以為自己說了那麼多，對方應該懂了，其實那只不過是一廂情願。」

檜原若有所思的說：「是啊，有時候也會懷疑，對方到底有沒有理解我們的意思。」

大川接著說：「沒錯，但我們也不能直接問對方：『聽懂了嗎？』更別提即使對方真的有聽沒有懂，多半也不會說出口。

「所以，到頭來，溝通往往變成一場心理戰。因此，接下來要學的，就是溝通的藝術——如何正確傳達自己的意思。」

聽到大川的解釋以後，檜原不禁問：「如果更加仔細的溝通，對方應該能理解自己想說些什麼吧！」

沒想到，大川斬釘截鐵的回了一句：「怎麼可能！」

大川繼續說：「所謂溝通的能見度，就是吸引他人理解自己的藝術。比方說，職場中有些人隨便說幾句，都讓人思索半天，而有些人不論說些什麼，都沒人理。其中的落差不在於談話的內容，而是他們展現出的能見度——一種讓大家理解自己的企圖心。」

檜原似乎開竅的回說：「我就是那個後者。每次開會時，說什麼也沒人在聽。後來還是我賴著小千姐，才開始改頭換面。」

大川說：「沒錯，改造從第一印象做起。例如服裝、髮型或隨身物品等。嗯，第一階段算是過關了。接下來是透過溝通，吸引對方的注意力。」

檜原不禁湧起一股成就感，彷彿自己成了女主角。但她萬萬沒想到自己會過關，再來是第二階段。老實說，她也不清楚如何靠能見度加強溝通，吸引對方的理解，而這樣的她真的能成長嗎？

3 如何提升正能量？從唇部開始

肢體語言作為溝通的重要工具之一，卻是亞洲人向來最不重視的一環。雖然許多人總以為外國人的肢體語言比較誇張。然而，那正是溝通時吸引對方的要素，我反倒覺得亞洲人應加強肢體語言。

話雖如此，我也不建議大家一定要學西方那一套，而是認知肢體語言的重要性。

事實上，眼神也是肢體語言之一。

例如：簡報的最後，大家習慣深深一鞠躬的說：「希望有機會與貴公司合作。」同樣的一句話，如果是看著在場客戶的眼睛說，相信效果更好。不過，要注意展現出誠意，不能太刻意。各位不妨對著鏡子多加練習。

除此之外，善用唇部的表情，也能達到相同的效果，尤其是嘴角。上揚的嘴角，讓人神采奕奕；而嘴角下垂時，則會散發出負能量。這就是我在前言中提過的能量等級。

充滿負能量的人當然不受重視，沒人敢交付重要的工作。如何善用唇部的肢體語言？重點在於：訓練臉部肌肉，讓嘴角習慣上揚。以我來說，維持三個小時以上都不是問題。

還有，歪著脖子、坐沒坐相，也是溝通時的大忌。

例如，坐沒坐相，等於告訴對方：「我對你說的話沒興趣。」

因此，面對面溝通時，不論如何疲憊或談話的內容無聊透頂，都應該抬頭挺胸。

記得讓自己的表情總是樂觀開朗。特別是主管比較嚴肅，部屬難免畏畏縮縮，而提升部門士氣的關鍵，就取決於小組長積極正向的表情。

4 肢體要符合個人形象

在溝通中，表情扮演至關重要的角色。無論是提醒對方注意某些事，還是向主管報告工作問題，如果表情的控管不到位，對方便可能無法正確接收自己傳達的訊息。

舉例來說，主管跟催部屬的工作進度，卻笑嘻嘻的說：「工作進度太慢了，這個表格也做得亂七八糟。」如此輕浮的態度對於部屬來說，絕對不痛不癢，而且還會一犯再犯。

在這個情況下，應該要擺出主管的威嚴，皺著眉頭訓話才對；相反的，誇獎部屬時，當然得笑容滿面。

換句話說，表情也有所謂的TPO。

除此之外，肢體語言必須配合形象，切忌過於突兀。若希望簡報更加生動有力，可以透過手勢增添表現力，但必須注意要符合自己的形象。

若肢體語言與自己的形象不符，簡報的效果將會大打折扣。原因就出在視覺上的落差，而且肢體語言往往是無意識的。因此，我建議大家可以藉由錄影檢視自己的動作。

不少人因為欠缺溝通能力，而影響自己的表現。俗語說：「一個巴掌拍不響。」人與人的摩擦中，除了對方的問題以外，如何相處其實取決於自己。因為我們能夠改變的永遠是自己，而不是他人。所謂人際關係，其實是會互相影響的。因此，只要轉念的話，對方的態度也極可能軟化。

想要改變世界，就從自己做起。若能認識到能見度的重要性，並學會如何有效駕馭它，世界就在我們的掌握之中。

5 逆轉勝的契機

俗話說得好：「人非聖賢，孰能無過。」在工作中，難免會遇到不順或失誤，但很多人總是動不動就說對不起。我個人以為，這種態度非常不可取，特別是如果你想獲得升遷。

原因很簡單，過度道歉不僅會削弱自己的專業形象，還可能會讓他人質疑你的能力。

除非是極其嚴重的錯誤，否則只要以誠摯的態度說：「給大家添麻煩了。」或「謝謝您的提醒。」即可，這樣既不失禮，也顯得更有自信。

記得我在紐約總部時，有一位主管深諳罵人的藝術。每次接受主管批評，應該戰戰兢兢的我，卻總是一副雲淡風輕、事不關己的模樣。

直到某天，一份重要報告的數據出錯，而且這場會議還有執行長出席。當然，事後我就成為眾矢之的。

當我灰頭土臉的縮在座位上時，那位主管卻翹著腳、靠在椅背上，神情泰然自若。她的目光直視著我，彷彿在說：「來吧，說什麼我都奉陪。」然後，只見她平靜的說：「如果數據都改好了，接下來需要重新提交一份報告嗎？如果客戶追問其他數據，妳可以冷靜的回說：『當然。所有數據都會從頭確認一次。』可是，妳有沒有想過，還有其他處理方式。」

她接著舉例：「例如，可以轉移焦點，跟客戶說：『報告中的數據已經修訂了，今天下午以前會重新提交，接下來跟您確認的議題是⋯⋯。』」

如此一來，客戶就不會再窮追猛打。

這就是能見度的另一種高度。

即便面臨困境，也能巧妙逆轉局面，讓客戶對你另眼相看。

6 最高階的道歉方式

對於能見度而言，「道歉」是一種極具風險的言行。以簡報為例，如果不小心多說了幾句，結果客戶一臉不悅的說：「好了，廢話少說。直接說結論。」如果此時立即道歉，等於承認自己之前說的都是廢話，這樣反而降低自己的信賴度。

試想，一個沒有足夠能見度的人，誰還會願意花時間聽他說話？因此，在需要道歉的場合，我們應該小心謹慎，避免不必要的道歉。

以前面的例子來說，當客戶抱怨簡報太長時，不妨用正向的說法化解尷尬：「接下來是我要報告的重點。」或「謝謝您的耐心，接下來進入今天的主題。」這樣一來，簡報內容太長就不是拖拖拉拉，而是照著時程表進行。

運用得當，便能翻轉逆勢，贏得客戶的讚賞。

事實上，**「對不起」往往是為了減輕自己心理壓力**，而不是對方原諒與否。與其如此，倒不如盡快修正錯誤，重新傳達正確的訊息。

或許有人會問，如果明明有一場重要會議，卻讓客戶久等，難道不用致歉嗎？當然要，因為這是基本禮儀，但也無須九十度鞠躬。只要一句「各位久等了」就夠了。與其卑躬屈膝的道歉，倒不如颯爽明快的走進會議室，然後若無其事的說：「久等了，我們開始吧。」如此一來，不僅能成功轉移焦點，讓出席者消氣，現場的氣氛也會熱絡起來。

除此之外，若無其事的態度反而會讓對方猜想，你之所以遲到，應該是被什麼重要的事耽擱。這才是能見度的真髓。如同前面提到的那位主管，她就是最高竿的能見度——任何失誤都成為能見度的跳板。

7 皺眉頭是壞習慣

大川曾說「簡報時頭都不抬一下」或者「動不動就道歉」，是溝通時的壞習慣。檜原生無可戀的想，她都中了，甚至以為大川就是意有所指而莫名臉紅。沒想到這樣也不行，竟被大川不留情面的批評。

大川冷冷的說：「反正皺眉頭、手臂交叉、抖腳，這些壞習慣最好全部改掉。」

檜原怯弱弱的解釋：「對不起，我一專心就會這樣。」

大川繼續批評：「再加一項，不要總說對不起。」

檜原幾乎快哭了：「是。對不……啊，不是。」

大川溫和的開導：「我記得有一次受邀演講時，臺下坐著一位聽眾。那個人就像妳這樣，從頭到尾皺著眉頭、雙臂交叉，還抖腳，當時害我差點講不下去。

「我全場都在猜想，是對演講內容不滿意嗎？還是踩到他的地雷？當我好不容易結束了以後，這位聽眾竟然朝我徑直走來。我心想：完了，來罵人了。沒想到，他竟然是來道謝的。激動的握著我的手說：『妳的演講真精采！讓人非常感動！』」

「原來他之所以會一臉嚴肅，是因為聽得太入神。現在的妳，就是這個樣子。」

檜原不自覺的說：「什麼？」

大川說：「記住，會造成隔閡的態度或小動作，上不了檯面。誰想跟上不了檯面的人交往？所以說，敞開心胸相當重要。懂了嗎？」

檜原乖乖的點頭：「是。」

看著檜原的樣子，大川臉上不禁浮起三條線：「拜託！注意妳的眉頭。」

8 如何拒絕，也有好人緣？

我一直以為敞開心胸才是溝通的基本態度。就以開會來說，只有大家開誠布公、暢所欲言，才能說出建設性的意見或想法。

或許有些人會想，如何開誠布公的交流？首先，是確認自己的心態。就如同前面的例子，即便自己對任何事情毫無設限，卻在不知不覺的給人一種拒人於千里的印象。

其中，表情更扮演關鍵性角色。特別是脣部，對於全臉來說占有一定比例，因此相形重要。在新冠肺炎的肆虐期間，不少人因為戴口罩的規定，而苦於溝通，這其實因為對方看不到自己的表情。

戴上口罩以後，所有的喜怒哀樂都化於無形。

反過來說，當我們脫下口罩以後，只要嘴角稍稍上揚，就讓人如沐春風。這就是所謂的敞開心胸。因此，即便心情再怎麼低潮，只要記得隨時嘴角上揚，自然能如吸鐵般凝聚人氣。

除此之外，當我們忙得不可開交、需要靜一靜，甚至情緒低潮時，不妨釋放閉關中的訊息。

像我，辦公室裡就準備了一個愛用的小布偶。同事們都知道，只要桌上出現這個小布偶，就表示：「閉關中，拒絕溝通。」所以，誰也不會自討沒趣。與其強顏歡笑，不如給自己適度的私人空間。

9 撲克牌臉的好感度

檜原是個好學生，她決定像大川所說的，隨時嘴角上揚，避免擺出拒人於外的態度或小動作。但當真嘗試了以後，才發現還挺難的。

檜原努力擠出笑臉：「嗯，是這樣嗎？」

大川毫不留情的說：「太超過了，感覺像金光黨。」

檜原調整一下嘴角：「那這樣？」

大川繼續毒舌：「妳怎麼了？是在是強顏歡笑嗎？」

檜原幾乎想放棄：「這樣也不行、那樣也不行，到底該怎麼辦？」

大川馬後炮的說：「也對，我都忘了微笑是日本人最弱的一環。因為日本文化講究端莊，動不動就笑有失禮節。」

檜原彷彿找到藉口，直說：「可不是嗎？您看那些橄欖球運動選手不笑才酷。」

大川潑冷水的回道：「看到我們美姬的笑容，才知道我們對於表情的認知，原來差距這麼大。」

檜原一臉茫然的問：「什麼意思？」

大川溫和的笑了笑：「因為我心目中的表情控管是『撲克牌臉』。」

檜原的下巴都差點掉了：「是毫無表情的撲克牌臉嗎？看不出來喜怒哀樂，不會給人心情不好的感覺嗎？」

大川來一記回馬槍：「我指的是讓人心生好感的撲克牌臉。妳自己說的，不笑的橄欖選手才酷，不就是因為他們在球場上專注的神情嗎？」

檜原若有所悟：「球場上專注的神情，這就是體育界常說的最佳狀態吧？說的也是，運動選手臉上大都沒有表情。不過，也不討人厭。」

大川露出孺子可教的表情：「是的，不將喜怒安樂擺在臉上，這種表情反而能安定人心。例如，無須因為客戶一臉不快而小心翼翼；也無須因對方過分熱情而擔心被騙。換句話說，撲克牌臉的極致就是卸下對方的心防，沒有一絲一毫的突兀。」

10 菁英的表情禁忌

所有體育界的寵兒都跟明星似的，隨時隨地站在鎂光燈下。我這幾年觀察下來，發現這些人相當清楚自己對於社會大眾的影響力。因此，即便是私下的一舉一動，也不忘為自己加分。

事實上，商業界也是同樣的道理。凡是有能力擔任高階主管的人，必定得忍受外界虎視眈眈的目光。除了部屬以外，還有經營團隊、客戶、投資家或終端消費者等，來自內外部的監視不亞於媒體的壓力。由此可見，高階主管也不是那麼好當。

因此，一旦晉升菁英階層，就不容許動不動擺臉色。如果主管一踏進辦公室就像誰欠他幾百萬似的，要是部屬人心惶惶，誰能好好工作。

身為部門主管必須隨時繃緊神經，注意身分帶來的影響。即便是盯著手機也不行，因為這時我們的防備心最弱，通常也缺乏應有的警覺性。

因此，對於接受教練課程的高階主管，我總是要求他們早上進入辦公室，暫時放下手機。因為只要一有訊息，難免會忍不住立刻查看；即便不看手機，單單拿在手上，也給人忙得不可開交的印象。

但高階主管最忌諱展現忙碌。如此一來，誰還敢來請示？

換句話說，即便心裡再怎麼不高興或著急，主管的臉上或態度都必須雲淡風輕，讓外界看不出端倪。

當然，人難免會情緒波動。此時，不妨給自己找一個避難所。上個洗手間也好，去外面喝杯咖啡也罷，等到心情平復以後，再若無其事的回到辦公室。或許有人會質疑：至於嗎？答案很簡單，因為這就是菁英與小職員的區別。**凡是想出人頭地的人，都應該避免在他人面前擺臭臉。**

11 坐姿也有大學問

大川為何對檜原特別照顧，甚至願意花時間，手把手的從頭教起？即便大川總是一副悠哉悠哉，但以她的職位與業務而言，工作量絕對不輕鬆。因為檜原每次一到公司，大川就在座位上；檜原下班打卡，她還繼續工作。

最重要的是，大川總是嘴角上揚，從未露出一絲一毫的不悅。

換句話說，這是大川以身為教，示範能見度的真髓。

大川接著下一輪的魔鬼訓練：「除了表情控管以外，再告訴妳一個能見度的重點。我來考考妳，除了同事的服裝、表情與小動作以外，妳還在意些什麼？」

檜原遲疑的說：「說話……方式？」

大川又是一臉三條線：「拜託，當然是坐姿。」

檜原一臉不解：「不是站姿或走路方式嗎？」

大川若無其事的問：「喔，那妳覺得我現在是……。」

檜原誠實的回說：「嗯，坐著。」

大川說：「沒錯。一邊陪聊天，一邊坐了這麼久。」

檜原幾乎無語：「……。」

大川終於進入主題：「沒錯。事實上，我們上班時，坐的時間遠比站的時候多。」

檜原點點頭：「說的也是。」

大川接著開導：「我想強調的是，在同事眼中，最常看到的反而是妳的坐姿。前幾天，我在電視上看到一位國外高階主管的訪談，他的坐姿簡直有如教科書般完美。雙腳交疊，身體自然的靠在椅背上，散發出一股自信與從容不迫。職場中，要有這樣的主管坐鎮，多讓人安心。」

檜原擔心的求教：「那我該怎麼坐？我猜坐姿也一定要看立場或TPO，就好比董事長找我去說話，總不能大大咧咧的讓坐就坐吧。」

大川笑著回道：「妳說得沒錯。不過，重點在於盡可能提升自己的高度。妳還記得我在前面提過的紐約總部主管嗎？越是處於劣勢，越應該逆風而上。因為欺善怕惡是人的本性。不少人是妳越道歉，他越得寸進尺。遇到這種情況，必須面對面的溝通。因為視覺展現誠意往往最直接。」

檜原恍然大悟的說：「被罵的時候，我嚇都嚇死了，哪可能有時間想那麼多……。」

12 將手肘放在桌上，一秒拉攏人心

首先是基本坐姿：放鬆膝蓋，輕輕的交疊雙腳。要是膝蓋靠得太近，會給人過於精明的印象。還有，椅子不要坐個三分之一，或椅背要靠不靠。更不要彎腰駝背，讓自己的側面看起來像「C」字。

除此之外，服裝也是重要的一環。職場中的女性在與主管談判時，還是以褲裝為宜，男性則要注意襪子的長度，避免腿毛影響觀瞻。當然，襪子的花樣與顏色也不應忽視。

雙手如何擺放也是一門學問。開會時，將手放在桌上反而更自然。年輕的同事或女性習慣將手放在膝蓋上，表現出精明幹練的模樣。然而，我個人以為沒有必要如此一板一眼，抽出一隻手輕鬆的搭在桌上也可以。

如果空著一隻手覺得不安心，也可以拿支筆做個樣子。

另外，坐的時候，將身體面向說話者，同樣能提升好感度。

有些人開會時，習慣身體前傾並將手肘擱在桌上。大家都以為這種姿勢缺乏禮數。其實不然，這反而代表專注溝通。我個人甚至以為，這應該列為主管聽取部屬報告時的標準姿勢。因為部屬報告時，難免戰戰兢兢，而這種姿勢不僅能有效傳達主管的重視，同時還能緩解部屬的壓力。

除了坐姿以外，位置也是一門學問。參加會議或研討會時，為了展現積極參與的態度，應該選擇前排的座位。有些人因為不好意思而坐在角落，這種做法反而給人躲懶的錯覺。

如果是跟客戶約在咖啡廳商談，受限於空間的關係，與其面對面的大眼瞪小眼，不如坐斜對面。既能緩解狹窄空間的壓迫感，側著身體更能給人精明幹練的印象。

如果是面對面的雙人座位，挪動一下座位，也能達到一定的效果。

13 這樣站，五秒就好感

無論是開會或簡報，遇到現場氣氛低迷，發言時不妨用大動作刷存在感。試想有人突如其來的站起來發言或走向講臺，都會勾起出席者的好奇心，而成為全場的焦點。接下來，就可以好好的發揮。

除此之外，站立的位置也有眉角。近年來，為了避免觸及職場霸凌，主管或前輩在指導時，還得與部屬或後輩排排站，以展現親和力。

我個人覺得這種做法，實在值得商榷。

就以一對一的關係來說，上班又不是交朋友，就是上與下的關係。相反的，當這個關係模糊以後，被指導的一方很可能會搞不清楚狀況。因此，職場中維持一定程度的尊卑長幼，還是有其必要性。

這不是擺架子，而是學習效率的問題。朋友教跟學校老師教，能夠相提並論嗎？所謂嚴師出高徒，不就是這個道理嗎？

話雖如此，做事還是得講究剛柔並濟。特別是近年來，不少人年紀輕輕就當上主管。雖然我個人以為工作資歷與年齡無關，但日本還是殘留年資排序的職場文化。當這些年輕主管面對比自己年長的部屬時，往往會難以開口批評或教導。

這時，該怎麼自然展現主管的威嚴？

其實很簡單，那就是「教的人站著，被教的人坐下」，利用視覺釋放主從關係。首先，讓部屬坐下，即便有椅子，自己也站著。如果部屬不好意思的說：「經理，您也坐吧。」此時就可以用「沒關係，這樣說話比較方便」一句話帶過。如此一來，便能增加好感與避免高壓的態度。

14 能見度的神隊友

當天歸家途中，檜原在電車上漠然的看著窗外景色，陷入沉思。她腦海裡不斷回想著大川所教的技巧——表情控管、坐姿、站姿等肢體語言，這些細節都能讓周圍的人對自己產生好印象。單是其中任何一項，都讓她感到震驚。她甚至想只要學會了，自己的水準應該跳好幾級。

另一方面，也對長期以來的懵懵懂懂，感到焦躁。她甚至懊悔的想，要是早一點知道，就不會走那麼多冤枉路了。

例如，開會時總被晾在一旁，或是主管對自己下馬威。如果自己能早一點知道能見度，甚至提高自己的存在感，或許就能避開這些不愉快的待遇。

對於能見度的認知，會不會是今後人與人差距的關鍵？無論如何，至少檜原已經有了能見度。

當她們吃完午餐，在回公司的路上，大川這麼說：「能見度其實不難，一學就會。重點在於：如何讓能見度變成自己的神隊友。要做到這一步，只能靠自己摸索。不過，別怕。我教過的人還沒有學不會的。就像騎腳踏車一樣，一旦學會，終生受用。」

大川的一席話，更堅定檜原追隨的決心。她暗自發誓，絕對不讓大川失望，也絕對讓自己成為勝利組。

第五章

如何營造能見度？

1 視訊沒有發言，也要微笑

自從接受大川的私人教練課程以後，檜原的世界觀有了一百八十度的改變，她發現許多常識其實並非如此。

例如，我們常說：「人不可貌相。」但事實上，相貌不過是溝通中的一環。歐美各國的商業菁英或許就是認知到這一點，才能引領國際。

檜原不禁想，隨時吸取新知，才是成功的關鍵所在。同時，也發覺自己進步不少。

自從爆發新冠肺炎疫情以來，檜原的公司實施一週兩天居家辦公。今天又碰巧有視訊會議。開會的主題是練習簡報，而負責簡報的就是召集人。對於檜原來說，這簡直是個大好時機。她心裡想，總算能夠學以致用。

大川提醒：「說白了，視訊會議就是透過畫面刷存在感。所以，能見度相對重要。首先，是待機畫面。如果用大頭照，最好不要跟現在的自己差距太大。這麼簡單的道理，不用我多費口舌了吧。」

檜原點點頭：「了解，我知道，這是因為視訊跟面對面沒有差別，一旦我們進入對方的視線範圍，就是溝通的開始。」

大川繼續說道：「對。其次，是自己在畫面上的比例。太大或太小都不適宜，以頭頂空出一個拳頭的距離剛剛好。」

大川說完以後，還將拳頭放在頭頂上，親自示範一番。

她接著說：「還有，記得正對著鏡頭。即便沒有輪到自己發言，妳的一舉一動大家都在看。所以，別忘了嘴角微微上揚，擺出專業的撲克牌臉。直到視訊結束，都不能懈怠。」

2 設定畫面，建立信賴感

除了前面的耳提面命以外，大川還提到畫面設定也很重要。基本原則就是避免影響出席者的注意力。另外，衣服的花樣與顏色也是相同道理，盡可能挑簡單樸素的造型。大川習慣選擇白色的牆壁當背景，再掛上一幅版畫。這就是她的最強背景。

反觀檜原的視訊背景，則是電腦提供的合成照片：在蔚藍的大海的襯托下，椰子樹隨風飄搖。

大川不客氣的說：「妳以為在度假。拿這種照片當背景，誰還有心情工作，給我馬上換掉。對了，妳有準備LED（light-emitting diode）環形攝影燈嗎？」

檜原回道：「沒有耶。」

大川繼續下指導棋：「趕緊去買。最好有兩個，從不同的角度照射，以免出現陰影。」

檜原不解的問：「可是我房間光線還算充足，打開窗簾就可以了。」

大川解釋：「太陽光線不穩定，會隨著季節與時段不同。更何況，視訊時的一貫性也相當重要，每次視訊都變一個樣，怎麼建立信賴感？像我即使白天，也一定拉上窗簾，使用攝影燈。而且妳想想，如果晚上視訊，家裡的日光燈一照，那張臉該有多嚇人。」

檜原點點頭：「好像是這樣。日光燈就是不襯托膚色。那麼，眼睛該看向哪裡？」

大川理所當然的回道：「看鏡頭。我習慣將對方的臉調整在鏡頭的正下方。如此一來，對方會覺得我一直對著他說話。」

檜原恍然大悟的說：「真的，有些人不知道在看哪裡，或者眼神亂飄，都不知道他們到底有沒有專心在聽。嗯，以後我會多加小心。」

大川說：「聲音也必須注意。視訊的音源比較敏感，一點小動靜都會是噪音。所以，絕對不要在咖啡廳之類的地方上線。記得，噪音也會讓人留下不好的印象。」

檜原嘆一口氣：「我怎麼覺得視訊比面對面還累。」

3 線上會議要用減法

我們必須先了解，視訊會議所需的能見度絕對與實體會議不同，而其中的關鍵詞就是減法。

就以肢體語言來說，理論上會比實體會議來的克制一點。或許有些人會主張，就是視訊才需要大動作的表達情感。然而，我卻不這麼以為。因為螢幕上的一舉一動都會映入眼簾。只要出席者動作稍微大一點，就容易轉移其他人的注意力。

同樣的，身體也最好不要亂動。最近，有些人喜歡站著辦公或參加視訊。此時，記得雙腳張開，站穩腳步，以免身體晃動。

除此之外，不論是贊成或反對別人的意見，動作也應適可而止，以免造成反效果。因為視訊不比面對面的開會，除了發言者以外，從螢幕上可以看到每一位出席者的臉，因此顯得特別突兀。即便某位出席者言之有理，自然的點頭贊同即可。

另一方面，表情卻應該比平時豐富一些。因為豐富的情感能夠吸引對方的關注，填補言詞不足的部分。

特別是說話時，盡可能張大嘴巴，便能給人活力充沛的印象。

不少人參加視訊會議時，總是一臉肅穆，彷彿在參加告別式似。因此，維持住開朗樂觀的氛圍，就是提高能見度的最佳方法。

4 如何提高參與感？

近年來，「參與感」（Engagement）成為熱門名詞。所謂參與感，指的是個人或團體因為關注某些特定的活動、工作、品牌或社會議題等，而積極參與或貢獻的行為。就企業來說，代表員工對工作的熱情，與參與公司營運的積極態度。

而參與感較高的人，通常對組織或專案更加投入，並且能展現出更高的忠誠度。

相信每位主管都希望擁有這樣的部屬，甚至想辦法提高他們的參與感。然而，隨著視訊會議的普及，有些人不免擔心視訊會議太過冷漠，少了面對面交流時的那份激勵與支持。其實不然，只要用對方法，透過視訊仍然可以凝聚士氣。其中的關鍵，就是召集人的能量等級。

換句話說，就是透過提高自己的能量，來彌補視訊的隔閡。這個態度應該在視訊會議一開始時就展現出來。試想大家上線時，召集人有氣無力的說一聲：「各位早。」接下來的氛圍可想而知。更何況透過螢幕，每位出席者的表情無所遁形，大家自然感受到低迷的氣氛。

以我來說，在視訊會議前，一定會對著鏡子練習嘴角上揚。直到滿意，才精神奕奕的上線。因為我的工作原則與堅持很簡單，就是笑容滿面的道一聲：「大家早！」

即便不是面對面，也可利用開朗的神情或語調，炒熱視訊會議的氛圍。當然，有時也會遇到生病或狀態不佳，此時不妨事先跟召集人打聲招呼，要求隱藏自己的畫面。與其一臉倦容的上線，倒不如單靠聲音傳達參與感。

視訊會議容易流於單向溝通。因此，需要能見度高的出席者炒熱氣氛，達到溝通的目的。這個關鍵人物是誰？答案靜待後文揭曉。

5 自我推銷的藝術

檜原的線上簡報順利結束。她的簡報不但獲得好評，還被指配為專案負責人。

事實上，當所有出席者出現在螢幕的那一瞬間，勝負便已揭曉。因為七位出席者中，只有大川與檜原披著西裝外套。

上線前，檜原對著鏡子做最後的儀容檢查。與其說這是她接受大川的私人特訓以來，養成的習慣，不如將其視為一種工作儀式。

檜原看著鏡子的自己，不禁自問：「妳打算這樣推銷自己？」

鏡子裡的檜原穿了一件休閒的T恤。因為天氣熱到不行，又是公司內部的會議，其實這種裝扮倒也還好。

然而，檜原仍然套上深藍色的西裝外套。對她而言，不是在地點或場合的問題，而是那件T恤讓她失去自信。沒想到，她的轉念竟然成為脫穎而出的關鍵。

當大川與檜原穿著西裝外套，雙雙出現在螢幕時，其他同事不自覺的露出訝異神情。第二天甚至有人跟她小小抱怨一番：「早知道，我也穿西裝外套了。」

6 六個星期，提升能見度

或許是偶然，檜原參加線上會議的時間點，正好是她遇見大川的六週後。檜原回想那一天，正當自己自暴自棄卻又心有不甘時，大川如女神般的降臨。

於是，在大川的指導下，檜原接受個人特訓，自此開闊眼界，脫胎換骨。更令人驚嘆的是，她僅用六週的磨練，就拿下專案。

某一天，在兩人常去的咖啡廳中，大川突然說：「妳可千萬別小看這六個星期。」

她繼續說：「能見度其實跟跑步或肌力訓練沒什麼兩樣。剛開始時很苦，過了六週以後，不訓練還覺得渾身不痛快。這就像刷牙一樣，沒有人會忘記，也不覺得麻煩。能見度也是同樣的道理。只要養成習慣，磨練能見度便能成為日常生活中的一環。對了，週五確認表有按時寫嗎？」

檜原立刻回道：「有，每個星期五都配合行程表，想好下個星期該穿些什麼。」

大川欣慰的說：「太好了。不要鬆懈，要繼續保持下去。妳不再是職場小白，而且這些都逃不過同事的眼光。接下來，妳會發現周遭的環境也開始不同。」

7 人緣不等同實力

大川說的沒錯，任何改變都逃不過同事的眼光。因為她也隱約感受到這種氛圍，甚至透過一些小細節證實後續的影響。

首先是雜務，不再有人將她當小妹般呼來喝去。以前的她不懂得拒絕，只要同事說一句：「美姬，這個麻煩了。」即便是倒垃圾，她都毫無怨言。她告訴自己就是人緣好，大家才喜歡什麼事都找她。

檜原怯懦的說：「老實說，以前大家什麼雜七雜八的都丟給我。我即使不怎麼樂意，也都用『人緣好』來安慰自己。」

大川突然無語：「天啊。妳就是被當小妹耍了！應該是其他人沒妳這麼好說話吧。看起來，妳是將『人緣』與『實力』混為一談了。」

檜原不解的問：「人緣與實力？不是一樣的嗎？」

大川說：「當然不一樣。所謂人緣，是指身邊總是圍了一大群人，僅此而已。遇到關鍵時刻，誰也不會跳出來為妳說一句話，甚至重要的工作也從來不會想到妳。仔細想一想六個星期前的自己，妳手上拿到的不過是好人牌罷了。」

幸運的是，檜原脫胎換骨了。不僅不再被當做小妹指使，還爭取到獨當一面的機會。當精力不再受雜事影響以後，她的工作績效隨之提升，自然贏得了主管的青睞。

於是，檜原逐漸跳脫職場小白的魔咒，手上負責的專案越接越多。

8 並肩作戰才是職場定律

檜原恍然大悟的說：「可不是嗎？人緣好的人，不一定有工作能力。就是我們常說的『沒有功勞，也有苦勞』。可是做起事情來丟三落四，大家也不好意思批評。到頭來，誰也不會將重要的工作交到他們手上。」

大川接著回道：「沒錯。客觀來看，妳覺得哪一種人更值得信賴？」

其實，答案一目瞭然。對競爭激烈的商業界來說，實力就是一切，受到肯定當然比人緣好重要。因為公司不是學校，需要的不是和樂的小團體，而是相互支持、並肩作戰的夥伴。

工作能力強的人自然釋放出聚眾效應，沒有人比檜原更感同身受。

檜原不禁想，短短的六個星期就能有這樣的變化。

要是持續下去，簡直不敢想像幾個月或幾年以後的自己。而且，她也沒想到脫穎而出竟如此激勵人心。

自從大川在自己身上施展魔法以後，檜原總算注意到其他同事的背影，跟其所釋放的能見度。想到過去被當小妹呼來喝去的日子，卻還用「人緣好」自我安慰，檜原也忍不住鄙視以前的自己。

檜原下定決心，從今以後告別好人牌，朝實力派努力邁進。

9 卑躬屈膝不是好習慣

就如同人緣好並非好事一樣，「卑躬屈膝」同樣會帶來負面的形象。例如同事誇說：「換髮型了？很漂亮欸！」你會怎麼反應？正常情況下，一般人大都謙虛的說：「真的嗎？哪有？」

但對於外國人來說，將對方的讚美一味往外推的傳統文化，還真的是難以理解。因為不論是歐美、甚至華人圈，面對誇獎，只需說一句「謝謝」，這才是不卑不亢的正常社交。

作為一個長期居住海外的人，還有一個無法忍受的陋習。那就是當別人稱讚自己的伴侶時，總有人忙不迭的自我抹黑，比如：「哪有您說的好」或是「我家老婆根本上不了檯面」等。

當然，年輕一輩的人可能比較少這樣，但中高年齡層還是有人將之視為大人的應對禮節。

不過，這種說法絕對不值得推廣。因為相愛才會步入禮堂，公開稱讚自己的伴侶不是天經地義的事嗎？事實上，越是尊重伴侶，越能提升自己的能見度。

說著、說著好像離題了。總而言之，面對任何誇獎，只需大方接受即可。試想主管指派工作時，當然是找充滿自信的人。動不動將「我哪有您說的那麼好」掛在嘴上的人，自然乏人問津。然而，遺憾的是，不少人明明能力不差，卻因為總是卑躬屈膝，而錯過獨當一面的機會。

10 充滿自信的謙遜

話雖如此，但對日本人來說，很難將歐美的那一套搬到職場中上演。此時，不妨來一個言表不一。例如有人誇獎：「妳這套西裝挺漂亮的！」不妨說：「哪有，您過獎了。」

麥拉賓法則指出，人類的認知有五五％來自於視覺，三八％來自於聽覺。由此可見，自信的態度本身就能強化形象。

反過來說，麥拉賓法則中，語言剩下不到一〇％。總而言之，不論說話技巧如何動人，缺乏配套的外表與聲調只能大打折扣。新創界有一句名言：「只想做一百萬元的小生意，絕對釣不出一億元的金主。」所以說，放眼一億元的人就必須有相對的氛圍。

所謂相對的氛圍，並非只是抬頭挺胸這麼簡單，而是仔細研擬事業策略、準備簡報資料。更重要的是，相信自己的投資報酬率。如果有任何一絲的遲疑，就代表自己的程度還有待加強。

直到現在，社會大眾還是有「嘴上無毛，辦事不牢！」的傳統觀念。殊不知不少成功企業家，年紀輕輕就在國際舞臺中，讓自己的能見度發光發熱。換句話說，能力與年齡無關，關鍵在於：展現的技巧。如果卑躬屈膝換來讓人低看自己，那就沒有什麼能見度可言。

11 信賴，來自內心的溫度

各位知道自己平時都是幾度嗎？我說的可不是正常體溫，而是指內心的溫度，也就是熱情。像我，內心熱度就高於體溫，總是維持在三十七度左右。當內心熱度高出體溫一度時，自然散發出爽朗的氣息。有些人之所以人緣特別好，應該就是這個緣故吧。

然而，內心的溫度並不是越高越好。太過熱情，反而讓人受不了。就像我們看到怕熱的人揮汗如雨時，也覺得自己熱到不行一樣。所謂的內心的溫度應該像一碗杯湯般溫暖人心。因此，比正常體溫多一度最適宜。

總而言之，就是推己及人的體貼。

淡然冷漠的心無法縮短人與人之間的距離。缺乏熱情的人，該如何在業界出人頭地？內心的溫度來自於尊重與體貼。正因為如此，才能藉由誠意打開對方的心扉，這才是敞開心胸。

問題是如何才能讓對方毫無負擔，接下我們遞過去的杯湯，並且讓自己看起來可靠？其實很簡單，那就是自己也敞開心胸。

比方說，我從不因對方不經過大腦的言論而動氣。尤其是在網路盛行的現在，有些人喜歡匿名在網路上惡意攻擊。對這些留言，我總是回覆：「即便我們的想法不同，但仍然感謝您的寶貴意見與分享。」我是真的這麼想，而非故作大方。

因為地球上有八十億人，怎麼可能每個人的價值觀都一樣？如果事先有這樣的認知，反而能從他人身上汲取經驗，所以我才會感謝網友的吐槽。人生道路永無止境，而高於平常體溫一度的熱情，正是支撐我持續前進的動力。

但不可否認，任何人都有情緒低潮的時候。當你發現自己的內心有氣無力，比正常體溫低個一、兩度時，**不妨給自己獨處的空間，盡量避免與外界的接觸**。即便有非參加不可的討論或會議，也可以事先打個預防針說：「**不好意思，我今天身體不太舒服**。」

反過來說，當內心溫度高於三十七度以上時，就會覺得順風順水，任何事都手到擒來。因此，我總是讓自己維持在三十七度的熱情。

各位讀者不妨靜下心來感受內心的溫度，同時激發源源不斷的熱情。

12 能見度，比英語更具優勢

最後，讓我們以一則腦力震盪，作為第五章的總結。

活躍於國際舞臺，必備技能是什麼？相信大家應該都知道，答案是「英語」。遺憾的是，雖然很多人將流利的英語當作一種能力，但在海外卻不是那麼一回事。

原因很簡單，敢在國際舞臺廝殺，英語能力不過是門檻。即便比不上歐美人士，其他非英語系競爭者，誰不是英語嚇嚇叫。

值得玩味的是，外國人被問到同樣的問題時，百分之百會說：「能見度。」由此可見，很多人不擅長自我包裝與推銷自己。

以我為例，英文也就一般般，卻能在紐約的金融界混出一點小名堂。我個人以為能見度功不可沒。為了在站上國際舞臺，我努力營造個人形象與人脈，因為我相信這才是有志於全球化市場。

而且，最值得慶幸的是，能見度沒有國籍之分，人人平等；不會在美國吃香，日本卻行不通。凡是渾身散發信賴感與提振士氣的人，一定超越國境、種族或宗教的界線，並深受肯定。因為商業是建立在人與人的關係上。

能見度越吸引人，機會便會越多，貴人也紛紛出現。自然而然，表現越來越亮眼。總而言之，能見度與表現成正比是職場定律。

第六章

五十歲的容顏，是自我的勳章

1 五十歲的勳章

下班後，檜原與大川窩在居酒屋的吧臺前，看著串燒的煙霧在眼前飛舞，檜原不禁遲疑的說：「要不還是換地方吧？」

大川笑笑的說：「為什麼？這裡很好。換作是以前，哪個女生敢自己來居酒屋？我今天總算也試過一次了。」

兩人之所以在吧臺前排排坐，是為了感謝大川的私人特訓。

時間追溯到六個星期以前，當檜原哭著拜師時，大川這麼說：

「想讓我教妳也不是不行。不過，有一個先決條件。那就是當妳達成目標以後……。」

檜原有點懵然：「達成目標以後？」

大川若無其事的說：「沒什麼。就是帶我去居酒屋見識一下，還得是有豬腸、雞肝那種內臟串燒的店家。」

檜原這次是真的懵懂了：「什麼意思？」

大川理所當然似的：「妳在Instagram上，不是有分享一家常去的居酒屋嗎？每一道菜看起來都好好吃。老實說，我還不知道居酒屋長什麼樣，一個人也不敢去。看妳的了！」

檜原噗哧一笑：「原來小千姐也是紙老虎[1]。您也追蹤我的社群？」

大川臉不紅、氣不喘的說：「是啊，剛來東京報到時看的，你們這些小蘿蔔頭的臉書（按：現已改名為Meta）、Instagram，我全都看過。」

檜原感嘆：「原來如此。不愧是紐約回來女強人……。」

1　在日本，一般女性不會獨自去居酒屋。近年來，因女權意識抬頭，也開始有女性一個人吃飯。

看著眼前渺渺升起的串燒煙霧，六個星期前的對話，卻讓檜原有一種前世今生的錯覺。

然而，大川舉起串燒的歡快朵頤，像是慶祝檜原的脫胎換骨。因為這個曾經的職場小白，改變的不僅僅是外表，還是人生。例如，總算獨當一面，手上也有一個專案。而且，還是個小主管，即便人數不多，只有三個人。換做六個星期以前，簡直就是天方夜譚。

檜原不禁感慨的道謝：「小千姐，真的謝謝您。」

大川溫和的回道：「怎麼了？還謝不夠？」

檜原百感交集的說：「我之所以能夠有今天，都是小千姐的功勞。」

大川笑著安慰：「關我什麼事？都是我們美姬夠努力！不是說了嗎？在教練課程中，教練充其量就是一輛馬車，我能夠做的不過就是妳想往哪裡走，就往哪裡走罷了。」

檜原熱淚盈眶，忍住淚水：「您別這麼說……。」

大川寬慰的說：「總而言之，師父領進門，修行在個人。妳別將我教的忘得一乾二淨。接下來，只能就看妳自己的努力了。」

檜原深吸一口氣說：「雖然我總是小千姐說什麼，我就應什麼。老實說，心裡虛的慌。因為我才幾歲，前面還有好長一段路要走。連我都懷疑自己到底能不能按照小千姐的方法堅持到底？如果撐不下去，我還可以找小千姐求救嗎？」

看著淚眼婆娑的檜原，大川從腳邊的皮包中，拿出一個記事本，同時說道：「我怕自己前腳想的，後腳就忘記了。總是隨身攜帶這個記事本。哪，妳看看這一句。這是大年初一的必寫金句。」

檜原不覺得唸出聲：「『二十歲的容顏是上帝的恩賜，但五十歲的容顏則是自我的勳章。』這是誰說的啊？」

大川說：「大名鼎鼎的法國服裝設計師可可．香奈兒（Gabrielle Bonheur "Coco" Chanel）。自從我二十幾歲知道這句話以來，一遇到什麼事，就用這句話自我激勵。告訴自己即便五十歲，也要漂漂亮亮。」

檜原跟著說：「即便五十歲，也要漂漂亮亮……。」

大川突然覺得好笑：「妳還年輕，還有很多事要經歷。例如戀愛、結婚或生小孩之類的。說不定還會像香奈兒一樣，是個女強人。不論如何，我希望妳到五十歲以後，能夠將能見度發揮到極致。」

檜原拍拍胸脯說：「知道了，我一定會努力。」

2 優雅與尊敬是一體兩面

大川說完以後，將手上的燒酒一飲而盡。同時，讓老闆再來一杯。檜原不禁看呆了。在居酒屋大口吃肉、喝酒的女生很多，卻從來沒有人像大川一般，連乾掉手上的酒，都能如此優雅迷人。大川再次成為檜原成長的榜樣。

併坐在煙霧迷漫的吧臺前，大川說：「最後的金句，聽著啊：『任何時候都不要忘記優雅』。」

檜原遲疑的問：「什麼是不要忘記優雅？」

大川回憶道：「這是我祖母說的。她是那種出個門就會打扮整整齊齊的人。從小就被嬌養的緣故，連喝杯咖啡也不自己動手。而我，就是那個泡咖啡的小丫頭。我還記得自己總是將泡好的咖啡，放在祖母房間前的地板上。

因為沒穿戴整齊前，她不會踏出房門一步。唯獨一次，我看到祖母病懨懨的躺在床上，但依然優雅到讓人難以置信。只記得她身上穿著一件絲綢睡衣，讓我的心臟撲通撲通……而且因為我是女孩子才可以進去，我哥哥、弟弟想也別想。」

檜原心神嚮往的說：「小千姐的祖母應該跟您一樣，是高冷的類型。」

大川回想起往事，不禁笑道：「反正小時候就聽她叨唸：『注意自己的品格』或者『沒有品格成何體統』之類的。老實說，當時的我對這兩個字完全沒有概念。直到現在才終於體會祖母的苦心。所謂品格，是對於周遭一切抱持尊敬的生活方式。換句話說，就是她給我的座右銘：『任何時候都不要忘記優雅。』」

檜原若有所悟的道：「對周遭抱持尊敬的生活方式，就是優雅……。」

3 避免他人難堪，也是一種優雅

檜原對優雅或多或少有一個概念。問題是，在現實生活中，該怎麼做？大川的經驗像是為她開了一扇窗。

例如，大川的祖母雖然從未自己泡過咖啡。但檜原相信她對泡咖啡的人，甚至咖啡本身都抱持尊重的態度，所以長期下來就能養成優雅的氣質。當她將自己的小見解與大川分享時，大川不禁點頭微笑。

大川說：「是啊。祖母因為基於尊重，即便臥病在床，也不讓自己蓬頭垢面。這不是愛面子，而是尊重別人。後來我才意識到，能夠將這一切落實在日常生活中，才是能見度的極致。」

檜原回想六個星期以前，大川曾說，達到自己的成長目標就是能見度。

她趁著些微酒意不禁想，即便每個人的成長目標各自不同，但歸根究柢，優雅絕對是不可或缺的要素。

就好比有些人即便業績驚人，甚至身居高位，但只要不知感恩為何物，全身上下散發傲慢之氣，終究逃不過世人的眼光。

在酒意的催化下，檜原跟自己說：「加油，美姬，朝優雅邁進。」能見度的磨練一刻也不能鬆懈。

4 不礙眼，是最基本的尊重

大川祖母的人設並非虛造，而是我的經驗談。祖母就是一個對人、對物都尊重的性格。就好比我下課回家，她第一個看鞋子是否擺得整整齊齊。只要有一丁點凌亂，她便開始說教：「小千這樣太失禮了，如果家裡突然來了訪客，怎麼辦？玄關永遠得保持得乾乾淨淨，記住了嗎？」

除此之外，祖母還喜歡醃醬菜。若一不小心我又對不起醬菜。例如，想一想吃的人的心情，或者妳這樣對得起這些醬菜嗎？我就是在她的薰陶下度過每一天。然而，當我長大成人以後，才理解祖母的挑剔是人生的無價之寶。而且，還是能見度的基本概念。

事實上，展現能見度的最佳方法，就是對一切事物抱持尊重的態度。因為尊重等同推己及人。

就以服裝為例，相信各位選擇的都是自己喜歡的顏色或花樣。如果是私下，可以看作個人的自由。然而，穿著過於顯眼的圓點套裝，做簡報或商談之類的，會讓客戶怎麼想？

就職場而言，不礙眼才是裝扮的基本準則。當然剪裁與布料的等級也是加分項，不僅能夠彰顯氣質，而且還會讓人多看一眼。由此可見，能見度並非自我滿足，而是顧及他人的體貼與心思。直白的說，就是利他（按：強調努力幫助他人，而不期待任何回報或利益）精神的展現。

5 真誠才能打動人心

大川在體驗居酒屋之旅後的第二天，突然不見蹤影。根據主管的說法是，自行創業去了。事實上，她早跟紐約總部辭職。不過，為了工作交接，才答應暫時調派日本分公司。

辭職一事，大川從未提起，讓檜原有一點措手不及，甚至有種自己被耍得團團轉的感覺。

但隨之而來的是，無以言表的感謝之意。明明就是日本分公司的過客，卻花費那麼多時間在自己身上。難道只是為了一嘗內臟串燒的滋味，才答應私人特訓的嗎（最後還是大川買單）？這麼重要的問題，竟然都忘記問了。

從此以後，再也看不到小千姐了嗎？一想到這裡，檜原心中不禁感受一股莫名的寂寞突然襲來。

檜原努力壓下崩潰的淚水，用大川傳授的加強好感的撲克牌臉，若無其事的打開筆電。檜原告訴自己，現在不是哭的時候，手上還有那麼重要的專案。如果大川在，她一定會說，想哭的話，還怕沒機會嗎？

這個時候，電腦螢幕傳來一則簡訊通知。

檜原看到發信者是大川以後，深深吸一口氣才點開信件。

檜原　鈞啟：

很驚訝吧！我竟然不告而別，因為這本來就是我不擅長的領域。不過，還是得謝謝妳。昨天真的很開心。老實說，這是我回到日本以來，頭一次這麼愉快，還說了一大堆話。真心由衷感謝，有妳真好。

我之所以傳這一封信，是因為還有一件重要的事尚未交代。那就是我答應私人特訓的理由。相信妳也很想知道吧。

其實理由很簡單。我從妳身上看到從前的自己。我剛調去紐約總部時，也是動不動就躲在洗手間偷哭。除了缺乏實力以外，因為亞洲人的關係，還看起來特別菜。再加上英文不夠流暢。這種程度幾乎讓人忽視我的存在。即便如此，我也從未放棄自己。於是，我仔細觀察菁英的一舉一動，也才終於意識到能見度的重要性。

從那時開始，我不斷努力讓自己看起來更有存在感。等到有一點心得以後，便日復一日的練習。不知不覺中，我不再是可有可無的存在。經過長年的奮鬥，甚至有幸擠進國際舞臺的高層發揮所長。正當我想傳承經驗時，就遇見了妳。

於是，我便想就當作給過去的自己一個禮物。那個時候的我，多麼想要有人教。甚至想如果身邊有一位教練，能少走許多冤枉路。我的這些遺憾，總想有人代為彌補。老實說，妳的表現出乎我的想像，就好像看到過去的自己。所以說，該道謝的是我。美姬，謝謝妳。

最後，請容我多囉嗦一句。妳的試煉才剛剛開始。爬得越高，能見度的要求也越高。不過，只要秉持活到老學到老的精神即可。重要的是，不管在任何場合或面對任何人，都不忘真誠的初心。因為真誠騙不了人。這句話雖然是老生常談，但希望妳謹記於心。

希望我的魔法能永遠加持美姬的能見度！

馬車大川　敬上

檜原雖然表面上平靜的看完大川的簡訊，但內心卻十分感動。檜原跟自己說，無論如何，都要牢牢記住與大川初見的那一日，還有今天。

6 思維影響力

或許有人會想為什麼要在意別人的眼光？原因無他，這是溝通的基礎。更何況印象是最強的資訊來源。至於溝通的注意事項或技巧等，我在前面的章節都一一介紹了。

然而，最重要的還是心態，敷衍的態度總會漏餡。若非打從心底尊敬對方，對方也無法感受到你的誠意。一旦缺乏自信，整個人看起來就會更沒自信。當然，要隨時維持認真、尊敬的態度與自信心，需要相當的專注力。很多人可能會認為心理素質很重要，但其實不然。

這些心態，或者說思維模式，也會受到外在能見度的影響。總而言之，我們給他人的印象，就像反光板一樣會回射到自己身上，進一步影響到內在與外在的表現。就好比，如果總是笑臉迎人，內心也會因此而逐漸變得更加開朗。

擔心自己看起來不夠成熟的人，不妨試著抬頭挺胸，或者挺直腰桿，放慢腳步，便能增加穩重感。外表與姿勢不僅能帶來好感以外，還會讓我們的思維更積極正向。

雖然調整心態或思維不難，但就如同第五章所述，重點在於養成習慣，至少需要六個星期。或許有人會想六個星期會不會太短。以一週七天來算，六個星期就是四十二天，扣除八個小時的睡眠，至少也有七百個小時。因此，只要隨時提醒自己，六個星期或多或少看的到功效。

7 拍張大頭照，想像成功

在養成習慣以前，怎麼為自己加油打氣？其實很簡單，就是拍張大頭照。以研討會的宣傳照來說，我一定會委託專業造型師與化妝師設計梳妝打扮，再請專業攝影師拍照。

因此，宣傳照裡的我就是自己最喜歡的模樣。每次看到這張宣傳照，就幹勁十足。當目標具體又能刺激視覺，就能有效提振士氣。

另外，不習慣拍大頭照的人，有時不是表情僵硬，就是笑得太勉強。遇到這種情況，不妨想一想自己成功的時候。例如：網球大賽拿到冠軍或業績衝第一等。

只要想起成功的時刻，自然能露出自信滿滿的表情。然後，抓住這一個瞬間，按下快門。

看著完美的大頭照，想像自己也有成功的一天，就是所謂的培養思維。這也是能見度之所以能影響思維的理由。每天對著鏡子確認自己的狀態，也是同樣的道理。

思維有這麼重要嗎？還需要培養？當然，思維變來變去，便會影響工作表現。更重要的是，思維控制我們一切的言行舉止。因此，唯有改變思維，才能展現能見度。

8 從職場小白到高階主管

自從認識大川以來，十年歲月匆匆而過。檜原正走在紐約的華爾街上。檜原成功提升能見度以後，終於如願以償的調派紐約總公司，而且三十幾歲就當上經理，晉升管理階層。

她手下有一位男性部屬是日本人。他們是一年前認識的。這位部屬當時為了求職，特地遠從東京拜訪檜原。

看到這位男性的當下，檜原只花二十秒就注意到他的特質。外型雖然稱不上出眾，但看人的目光卻相當真誠，還有對於成長的旺盛企圖心。檜原帶他參觀公司時，不禁想起從前的自己。

簡單的逛了一圈以後，離開前他對檜原說：「感謝您今天抽空接待。」

檜原問：「覺得怎麼樣？」

這位男生回道：「太棒了。我從來沒有像今天這樣，以自己為榮。」

檜原問：「為什麼？」

他不避諱的說：「因為有幸認識您。」

檜原又問：「嗯，我想您也去過其他公司吧」

他俐落的說：「是的。」

檜原於是開誠布公：「老實說，我們很歡迎您的加入。因為我們公司正需要您這樣的人才，而您也應該來我們公司發展。更何況，您擁有能見度的素質。」

他不解的問：「能見度？」

檜原笑笑的回一句：「來公司報到了，再告訴你。」

一年後，他在咖啡廳接受檜原的私人特訓。一邊吃著義大利麵，他一邊問：「您一直都是這樣子嗎？」

檜原覺得好笑：「什麼樣？」

他略帶靦腆的說：「老實說，就是帥氣。」

檜原微笑的看著他：「謝謝誇獎。不過，從前的我就是個職場小白，喜歡將名牌標誌穿在身上，然後在公桌上擺些粉紅色、閃閃亮亮的小物件或造型娃娃。」

他張大雙眼：「真的嗎？怎麼可能？那後來是怎麼……？」

檜原接著說：「變成這樣的？因為我遇到了一位大師，她在我身上施了魔法。」

他不解地問：「魔法？」

檜原理所當然似的：「沒錯，能見度的魔法。這個魔法可不像灰姑娘，過了晚上十二點，便恢復原狀。只要持續努力，魔法就永遠不會解除。」

他嚮往的說：「這麼厲害的魔法，我也真想試試看。」

檜原回到辦公室時，發現大川寄來一封電郵。大川目前人在日本，大力推廣能見度，並提供相關諮商服務，讓更多可惜的人才，因為她的魔法而熠熠生輝。

信件內容一如既往的簡單明瞭。

檜原，近來好嗎？

聽說妳在我的老本營混得不錯。

我都能想像，妳瀟灑走在華爾街上的身影。

而我也在日本努力的為剛進社會的新鮮人，施展魔法大業。說不定我的使命就是讓大家不再躲洗手間偷哭吧！

最重要的是，我要出書了。作為我的施法對象，書裡有一大堆妳的場景——書名就叫《能見度工作術》。

結語 天生我才必有用

自己執筆以後，才深刻體會將心中所想，訴之於文字何等困難。更何況寫作並非我的專業，即便英、日文都能說、能寫，卻談不上精通。老實說，寫這本書對我而言，壓力頗大。

另一方面，在將思維化為文字的同時，未嘗不是另一層反思。例如發現自己竟然是這麼想的，或者換一種表達方式，溝通會不會更順暢等。這些未曾注意的細節，連自己都嚇一跳。如果從這個角度切入，我還得感謝因為出書而受益良多。

我之所以應允出版社的邀稿，純粹是不忍很多人才淪落可惜的命運。我們常說的可惜，用日文來寫，就是「勿体無い」。「勿体」甚至可以用來形容擺架子。由此可見，這兩個字多麼霸道與傲慢。

事實上，這兩個字出自於佛教的物體，也就是物體應有的樣子或本質。當物體失去應有的樣子或實質，當然可惜。

簡單的說，就是感慨某種事物失去原有的樣態。

而這個「可惜」正是目前許多人面臨的困境。當一個國家的GDP（Gross Domestic Product，國內生產毛額）已經出現頹勢，說不定哪天就被踢出先進國家的行列。

二〇一四年，正當我透過研討會推廣能見度時，全球化的趨勢正如火如荼的發展。及至現今，全球化已是既定的事實。換句話說，因為國際潮流的衝擊，任何國家都不可能鎖國。

那麼，我們該如何在國際舞臺一較長短？答案很簡單，就是提升能見度。也就是找回自己原有的樣子並展現實力。我個人甚至以為，能見度與一個國家的經濟成長息息相關。因為能見度是世界共同的溝通工具。

而影響能見度的絆腳石，大都來自於當事人的故步自封。例如傳統思維的束縛，總覺得年輕人不該急著表現。然而，我必須不客氣的說，日本人獨特的年功序列制度，也就是以年資論功勞的職場文化早已成為過去式。多少年輕人不到三十歲就創造出獨角獸（Unicom，象徵稀有、潛力、地位），而且全世界跑透透。

由此可見，認為年輕不行，不過就是安逸者逃避的藉口。

根據多年來人資主管的經驗，我唯一肯定的是，即便人與人之間有能力的落差，但機會人人均等是不爭的事實。這就是所謂的天生我才必有用。人生的分水嶺就在於如何展現自己的長才。

反過來說，明明有實力卻像明珠蒙上灰塵，淪落可惜的命運。

常有人資主管問我：「怎麼樣才能招聘到素質高的員工？」我總是回說：「這還挺難的，倒不如從現有的員工中挖掘。」然而，就員工的立場而言，即便自己是千里馬，也得主管有伯樂的眼光不是嗎？與其如此，倒不如積極表現自己，成為主管的唯一選項。這就是職場的晉升規則。

問題是，如何才能不斷的成為唯一選項？那就是本書一再強調的主題，磨練能見度。

能見度看似虛無飄渺，但至少不像鋼琴家，必須將蕭邦夜曲彈得分毫不差。事實上，我指導過的學員中，只要是有心學習，還沒遇過失敗的案例。

各位需要的無非是行動力。衷心期待本書發揮臨門一腳的功效，甚至帶來一絲一毫的正能量，都是身為筆者之幸。事實上，這也是我身為諮商顧問的基本理念。看著學員意識到自己的潛力，找回精氣神，如同充飽電般滿意的離去，就是我的職責所在。

希望透過本書的拋轉引玉，讓更多人感受能見度的魔法魅力。凡是嘗試過的人，都能從鏡子中看到不同的影像，那是充滿前景的自己，也是原來的自己。如果你也羨慕檜原的華麗轉身，不妨從現在開始改變。

致謝

首先，謹對所有耐心看到最後的讀者致上十二萬分謝意。此外，感謝編輯美馬、五十嵐忍受美、日時差，每每半夜對稿，以及訪談中令人難解的外來語，在出版團隊的專業素養下，依然能忠實呈現，當真令人折服。正因為各位的默默支持，才有本書的問世。感恩之心無以言表。

最後，感謝本書的催生者，讓我有出書的意願。

◎ George Wellde

您為我開了第一扇窗，讓我知道自己的長處。若不是遇見您，就不會有現在的我。感謝您給予機會和支持。

◎My teammates GS NY and Asia

如果不是各位，我就是只是原來的自己。感謝一如既往的支持與信任。

◎Stefanie Morris and Emily Hernandez

感謝總是在我低潮時，給予強大的支持。我們是我永遠的導師與好友。

◎Alice Chen

多少個深夜，我們促膝長談人生的夢想。感謝您的勵志分享與鼓舞。

◎國際菁英與高盛夥伴們

感謝各位給予的各種機會與全力支援，如果不是與各位相處的點點滴滴，我也無法寫下本書。相信書中的故事必定讓各位感同身受。相逢即是有緣，再次感謝。

◎ Kathy Matsui

作為許多人的職場典範，能在這個時代遇到您這樣的主管，只有感謝再感謝。

◎ Ben Ferguson

既嚴厲又溫暖的您，總是給我滿滿的正能量。同時，造就我的成長與堅強的自信。這一切都讓我感激不盡。

◎ Ami Connolly

當您說：「能見度就是一切！」時，我非常慶幸與您合作。

◎ Naomi Hirano

感謝第一次的相遇。因為您的啟發，才有現在的品牌形象。

◎Doya Yuto

您的創意總是如天上繁星，數也數不清，感謝您一直以來的大力支持。

◎Rumi Sato

感謝您抽空製作能見度教練課程的影片。因為大家的群策群力，才有本書的誕生，再次致謝。

◎Reon Hiruma

與您的相遇，讓我踏入能見度的殿堂。衷心感謝打造能見度訓練營與沙龍時，您給予的所有建議與支持。

◎Yuichiro Hikosaka（aka Hiko）

感謝您提出「能見度魔法」訓練營的品牌理念。即便行程再繁忙，您總是不吝提供各方面的支援。特別是您的知性與感性，讓我獲益良多。感謝之情，無以言表。

◎ Naomi Tsuru

不管是在員工培訓、演講或身為人資主管，您總是不遺餘力的宣導能見度的重要性。感謝您的經驗分享與全力支援。

◎ Chiharu Yamagami

感謝您對於能見度的推廣與支持。特別是動員數百人的堅強實力，更是我們的底氣。

◎ Kyoko & Eric Gasqueres

平素承蒙您的厚愛與支持，感謝之情情，無以言表。認識您是我這一生最幸運的事。

◎ Junko Kuzumi

維持能見度的重點，在於健康的身心。感謝您平時的照顧與支持。

◎ Rina Otsuka

能見度訓練營來自於您知性的創見、感性與執行力。同時，精益求精以至今日。感謝您的付出與努力。

◎ Kiyomi Otsuka

自小您便教導營造能見度是最高的禮儀。我們既是師生也是母女，但我相信自己終其一生，也無法超過您的成就。

◎ Michael Terra

在我最徬徨時，您的建議讓我在職涯中取得一席之地。因為有您，才有今天的我，只有感謝再感謝，獻上我所有的愛。

謹此對能見度訓練營的講師與學員，致上十二萬分謝忱，相信各位的影響力將會成為社會進步的動力。

最後，感謝職涯中，相知相遇的先進與同好，與 THE CHOICE 同仁的鼎力支持。

國家圖書館出版品預行編目（CIP）資料

能見度工作術：我在高盛證券學到的，用同樣的努力展現十倍成果。／
大塚千鶴著；黃雅慧譯 . -- 初版 . -- 臺北市：大是文化有限公司，2025.04
240 面；14.8×21 公分 .--（Biz；484）
ISBN 978-626-7539-89-7（平裝）

1. CST：職場成功法　2. CST：溝通技巧　3. CST：說話藝術

494.35　　113018210

Biz 484

能見度工作術

我在高盛證券學到的，用同樣的努力展現十倍成果。

作　　者／大塚千鶴
譯　　者／黃雅慧
校對編輯／陳竑悳
副 主 編／黃凱琪
副總編輯／顏惠君
總 編 輯／吳依瑋
發 行 人／徐仲秋
會計部｜主辦會計／許鳳雪、助理／李秀娟
版權部｜經理／郝麗珍、主任／劉宗德
行銷業務部｜業務經理／留婉茹、專員／馬絮盈、助理／連玉
　　行銷企劃／黃于晴、美術設計／林祐豐
行銷、業務與網路書店總監／林裕安
總 經 理／陳絜吾

出 版 者／大是文化有限公司
臺北市 100 衡陽路 7 號 8 樓
編輯部電話：（02）23757911
購書相關諮詢請洽：（02）23757911 分機 122
24 小時讀者服務傳真：（02）23756999
讀者服務 E-mail：dscsms28@gmail.com
郵政劃撥帳號：19983366　戶名：大是文化有限公司

香港發行／豐達出版發行有限公司 Rich Publishing & Distribution Ltd
地址：香港柴灣永泰道 70 號柴灣工業城第 2 期 1805 室
Unit 1805, Ph.2, Chai Wan Ind City, 70 Wing Tai Rd, Chai Wan, Hong Kong
電話：21726513　傳真：21724355　E-mail：cary@subseasy.com.hk

封面設計／ FE 設計　內頁排版／王信中
印　　刷／鴻霖印刷傳媒股份有限公司

出版日期／ 2025 年 4 月初版
定　　價／新臺幣 420 元（缺頁或裝訂錯誤的書，請寄回更換）
I S B N ／ 978-626-7539-89-7
電子書 ISBN ／ 9786267539842（PDF）
　　9786267539859（EPUB）